Producción y desarrollo de proyectos audiovisuales

Producción y desarrollo de proyectos audiovisuales

Carmen Ciller Tenreiro
Manuel Palacio Arranz

EDITORIAL
SINTESIS

Fotografía de portada de Emilio Pereda,
cedida por Enrique Urbizu

Vallehermoso, 34. 28015 Madrid
Teléfono 91 593 20 98
www.sintesis.com

ISBN: 978-84-9077-418-2
Depósito legal: M. 37.583-2016

Impreso en España - *Printed in Spain*

Índice

Introducción

I.1. ¿Por qué un nuevo libro sobre producción audiovisual en España?

Este libro constituye el resultado de un recorrido vital en el que confluye el tránsito de varios caminos, desde la experiencia docente a la investigadora, sumadas a una puntual, pero intensa, experiencia profesional. La presentación de este volumen supone la oportunidad de recoger y estructurar una serie de conocimientos básicos sobre el desarrollo de los proyectos audiovisuales y sus inherentes procesos de producción adquiridos en el ejercicio de la docencia de la Producción Audiovisual desde la década de los noventa del siglo pasado. Tenemos la firme convicción de que este trabajo cubre o rellena un hueco en la transmisión del saber hacer y el cómo hacer en el ámbito de la organización y la gestión audiovisual y cinematográfica, así como en la reflexión sobre los públicos cinematográficos, su análisis y su estudio. Años de docencia en la materia han facilitado la posibilidad de discernir aquellas cuestiones que resultan esenciales en el aprendizaje de las grandes líneas del oficio de la producción audiovisual y cuáles pueden ser relegadas a un segundo nivel, para las que además ya existe una bibliografía especializada que ayuda a completar un conocimiento más preciso sobre la materia. El objetivo fundamental de este libro consiste en ofrecer una visión clara, concreta y concisa de todos aquellos procesos y sus habilidades, que se inician con la selección de una idea y concluyen con la finalización de una obra audiovisual, lista para su comercialización y exhibición en el contexto del sector cinematográfico en España y en el mundo.

La situación actual de la producción cinematográfica y audiovisual en España se sitúa en un escenario en donde la complejidad del sistema reduce cada año la oportunidad de que muchas obras cinematográficas lleguen a ver la luz y a consolidar su presencia en el mercado audiovisual.

La apuesta por el desarrollo de proyectos implica conjugar una serie de elementos técnicos, artísticos y económicos caracterizados por un elevado grado de incertidumbre en la consecución de su resultado final, que sumado al complejo y cada vez más inaccesible o inexistente entramado de financiación inherente a este sector de la producción, provoca que muchos trabajos se estrellen antes de llegar a las salas de exhibición. Pero además en el momento actual y sobre todo en la cinematografía española, el comportamiento de los públicos y la circulación de la imagen de su propio cine merecen un apartado propio y extraordinariamente útil para todos aquellos que decidan producir hoy en día proyectos cinematográficos.

Este libro pretende poner de manifiesto cómo funcionan los procesos de creación y de producción, cómo son sus variables, sus dificultades y sus bondades, con el ánimo de arrojar algo más de luz sobre un sector laboral en el que, como en ningún otro, se aúnan y se cruzan lo artístico y lo económico, lo social y lo cultural.

I.2. La producción audiovisual

La producción audiovisual actual implica una gran diversidad de propuestas de la más variada naturaleza en cuanto a su soporte económico y al entramado empresarial del que emanan. Desde productoras independientes de pequeña dimensión hasta productoras o divisiones de producción dependientes de operadores de televisión, existe un amplio abanico de modelos de gestión empresarial que acogen todo tipo de líneas de trabajo.

La situación actual del sector audiovisual en España se enmarca en un escenario en donde la complejidad del sistema implica cada año una mayor preparación y una elevada especialización en cuanto al acceso y las dinámicas de cambios en el mercado. La aparición de nuevas fórmulas de explotación de los contenidos audiovisuales a través de nuevas ventanas de exhibición (el cable, el satélite, la digitalización), la innovación en los soportes audiovisuales y los complejos entramados de promoción y *marketing* asociados a nuevas vías de financiación, van a provocar que los criterios y la metodología por la cual se plantean los perfiles profesionales en el sector deban de estar inequívocamente redefinidos al hilo de las transformaciones que se suceden día a día en el contexto actual de la industria.

La apuesta por el desarrollo de proyectos, tanto cinematográficos como audiovisuales, implica conjugar una serie de elementos técnicos, artísticos y económicos que, sumados a un sector tan marcado por su dimensión nacional como internacional, provoca que muchas ramas profesionales encuentren en los nuevos escenarios unas posibilidades de expansión y desarrollo como no se había planteado en las últimas décadas.

Si bien todos los postulados teóricos en el campo de la producción audiovisual se fundamentan en la existencia y en el análisis de un complejo sistema económico cinematográfico, estos van a materializarse en el estudio de la realidad cinematográfica con una perspectiva económica contemporánea adaptada a las nuevas evoluciones tecnológicas y estrategias del mercado.

Este libro es deudor de una línea de trabajo en los estudios de producción que se inicia con el maestro Antonio Cuevas, que sigue con Miguel Ángel Martín Proharam y José Jacoste, y continúa con otros muchos autores de otras generaciones que han analizado y elaborado sus propios postulados en torno a cuestiones genéricas que en definitiva articulan el sector de la producción cinematográfica española.

Pero, si bien los postulados teóricos se establecen a partir de las variables extraídas del análisis de la realidad económica cinematográfica correspondiente a cada momento histórico, en lo que afecta al planteamiento de los postulados metodológicos, constatamos que en casi toda la bibliografía publicada se introduce siempre la misma descripción y el estudio del proceso de producción típicamente cinematográfico. Un proceso en el que se trata de descubrir, como definió ya hace veinte años José Jacoste, "la existencia de un camino característico a través del cual se pase de poseer una idea sobre un film a disponer de una copia apta para su exhibición" (1996:122). Un proceso que significativamente han heredado los sistemas de producción de otros medios de difusión masiva, en el que prevalece una rigurosa racionalidad y un orden lógico y coherente de actuaciones durante el desarrollo del mismo. Miguel Ángel Martín Proharam, diez años antes, utilizando el mismo término que José Jacoste, alude al proceso de producción audiovisual como "un camino" en el que hay que definir las variables metodológicas que lo guían (1985:16):

1. Las personas cuyo trabajo hace posible el progreso de la producción (técnicos, artistas).
2. Las cosas que estas personas manejan (cámaras, películas, enlaces móviles, magnetoscopios...).
3. Cómo las personas manejan las cosas: el proceso productivo (preparación, rodaje, montaje, emisión en directo...
4. Organización de la producción: desgloses, plan de trabajo, presupuestos...
5. Seguimiento del proceso de producción.

Este planteamiento obedece a la línea de pensamiento española en la que los estudiantes se han formado durante décadas (Dadek, Cuevas, Proharam y Jacoste) y que ha continuado su curso con la publicación de numerosos libros y artículos en revistas, además de estar enraizada en los programas académicos de los estudios sobre producción audiovisual en las universidades públicas españolas, y luego privadas, en su origen en los estudios de Ciencias de la Imagen y el Sonido y, actualmente, en los estudios de Comunicación Audiovisual. Esta forma española de ver las cosas obedece además a una tradición que, motivada por un sistema endeble, lleva siempre inevitablemente a hablar de la economía en la producción audiovisual.

I.3. Consideraciones generales en relación con la economía cinematográfica

Si bien es cierto, como ya se ha mencionado, que los fundamentos teóricos relativos al sector de la Producción Audiovisual han quedado supeditados a una concepción absolutamente práctica de los contenidos de la materia y a una metodología que, como concretaremos más adelante, presenta unas variables muy definidas y muy estrictas en cuanto a su aplicación, los autores y profesionales que en un sentido u otro han profundizado en la reflexión sobre la producción cinematográfica coinciden en analizar e iniciar sus planteamientos a partir del establecimiento y la concepción de la cinematografía como una industria económica. Así es como todas sus argumentaciones redundan en explicar por qué nos encontramos ante una economía cinematográfica, cuáles son sus principios, sus características y las componentes económicas que convierten al sector de la producción audiovisual en parte generadora y principal del sistema económico cinematográfico.

La base de la argumentación sobre la que todos los autores trabajan cuando afirman que la producción cinematográfica forma parte de un complejo sistema económico surge básicamente de las características del proceso mismo de producción, y de manera fundamental de los productos que elabora y las condiciones de fabricación de los mismos. Cuestión que no impide, al mismo tiempo, evidenciar la particularidad más destacada que afecta a todo el proceso, la existencia de una variable artística inherente al mismo y que aporta a este sector económico una singularidad propia.

Walter Dadek constata cómo la película puede manifestarse como un típico producto industrial de fabricación masiva (1962:65), a consecuencia de dos características técnicas que implican su carácter masivo, la multiplicidad de copias y la infinita reproductibilidad de las mismas. Sin embargo, inmediatamente, alude a la singularidad de la película como un producto absolutamente individual que requiere para cada creación un nuevo planteamiento y una nueva ejecución.

En esta misma línea se manifiesta Antonio Cuevas y evidencia esa singularidad del producto introduciendo una nueva variable, la artística, cuando afirma que "en ninguna otra actividad económica industrial se dan tan radicalmente unidos e interdependientes, como en la cinematografía, aquellos factores: el económico industrial y el artístico" (1976:21).

A partir de esta doble consideración de la cinematografía, y asumiendo la vertiente industrial de la misma, Antonio Cuevas considera que existen unas normas o principios económicos que rigen el especial comportamiento de la economía cinematográfica, entre las que destacan la imposibilidad de que la producción nacional sea suficiente para cubrir las necesidades de su propio mercado, la incapacidad de amortizar las películas en el mercado propio, la singularidad de una película como prototipo lo que implica la consecución en cada unidad de una inversión de trabajo, tiempo y capitales extremadamente elevados, la lenta recuperación de beneficios en la explotación comercial que implica un consumo de carácter sucesivo, y la inexistencia de una relación directa entre las inversiones realizadas y la bondad de los resultados (1976:24).

De entre todos estos principios extraemos dos lecturas significativas que refuerzan la idea de la película considerada como producto *sui generis*. Por una parte, el excesivo margen de aleatoriedad, incertidumbre y riesgo empresarial que implica la producción cinematográfica y, por otra y estrechamente relacionada con esta primera lectura, el elevado riesgo económico y, por tanto, las complejas y excepcionales posibilidades de financiación de la producción.

Una vez expuestos los principios económicos que rigen el especial comportamiento de la economía cinematográfica y las características particulares de los productos que se elaboran durante el proceso de producción, así como las condiciones de fabricación de los mismos, vamos a recoger el planteamiento que realiza José Jacoste en relación con la definición de un sistema económico cinematográfico. El autor parte de los análisis de la realidad económica cinematográfica realizada por Enrico Giannelli en los años cincuenta del pasado siglo, un sistema que distingue dos grandes áreas, la producción (la producción de las películas y las industrias auxiliares) y el mercado (la importación, la distribución, la exportación, la exhibición y el público).

El sistema económico cinematográfico actual atraviesa por una serie de profundas transformaciones y su comportamiento va a depender de la existencia de una base sólida y férrea, la de la producción independiente, y de que esta aproveche las oportunidades que se presentan e interiorice una nueva realidad en la economía del sistema, marcada por la transnacionalización de contenidos y de capitales, así como por la digitalización de los soportes de grabación y de las ventanas de exhibición.

En la tradición de los estudios de la producción audiovisual española hay cuestiones que no se cubren, pero sí hay aspectos que pueden ser abordados a partir de acercamientos desde la industria como los que realizan José María Álvarez Monzoncillo y Javier López Villanueva, además de otros trabajos internacionales como los de John Thornton Caldwell (2008) y Llott (1996).

José María Álvarez Monzoncillo y Javier López Villanueva han sido los responsables de la realización en varias ediciones del *Informe anual sobre el cine español* para la Academia de las Artes y las Ciencias Cinematográfica de España (1999, 2000, 2001, 2003). Sus continuados estudios permiten conocer de manera pormenorizada cuáles son los factores que inciden, en un momento u otro, en la economía cinematográfica española. Para la realización de un análisis sobre la situación de la industria cinematográfica actual, José María Álvarez Monzoncillo parte del análisis histórico de las distintas etapas por las que ha atravesado la producción cinematográfica en su evolución. Épocas que se han diferenciado bien por su gran expansión, bien por su decadencia y descapitalización. A partir de la agrupación de periodos desde una óptica exclusivamente económica, distingue las siguientes etapas en el cine español (2002:107): la década de 1960, marcada por un nivel de producción considerable (entre 120 y 150 largometrajes por año) y una importante cuota de mercado en salas (20-25%); las décadas de 1970 y 1980, caracterizadas por la pérdida progresiva de espectadores y de los niveles de producción (mitad de espectadores que en la década de 1960 y medias de 60 películas a finales de la de 1980); y durante la década de 1990, una recuperación paulatina del prestigio nacional, del nivel de producción y de la cuota de mercado en todas las ventanas de amortización (sala, televisión y vídeo).

Los cambios también han sido numerosos en la industria cinematográfica mundial y atienden fundamentalmente a las fusiones y adquisiciones en el proceso de convergencia multimedia. En lo que afecta a la forma de explotación de las películas, es decir, al sector de la exhibición o del consumo, se ha modificado notablemente en los últimos años de la mano del cable, el satélite y la digitalización en general. La progresiva aparición de nuevas "ventanas" ha transformado las fórmulas clásicas de financiación y amortización de las películas. La distribución digital de las películas abre camino a nuevas oportunidades no exentas de riesgos, que necesariamente deberán partir de la situación actual del mercado (2002:108).

En su libro más reciente, *La televisión etiquetada: nuevas audiencias, nuevos negocios* (2011), Álvarez Monzoncillo dedica un capítulo al dinero del audiovisual, en su apartado relativo a la industria cinematográfica. En él plantea cómo el nuevo Hollywood cambió el negocio audiovisual creando nuevas cadenas de valor con ventanas como el vídeo y la televisión de pago, que han cambiado para siempre las fórmulas clásicas de financiación y la amortización de las películas. También detalla cómo la aparición de servicios legales de descargas de vídeo a través de internet será un importante complemento a la distribución de las películas, al que se sumará la aparición de la tecnología Blu-ray, o cómo los sistemas de televisión de pago presionarán para reducir las ventanas de exhibición (2011:140).

I.4. La figura del productor

En el sector audiovisual, el productor se convierte en la figura de mayor relevancia en todo proceso de creación. La máxima responsabilidad, a partir de la decisión de implicarse en el desarrollo de una idea, de impulsar un proyecto, de desarrollarlo, concluirlo y lanzarlo al mercado, será siempre de aquella persona que de un modo u otro asuma el riesgo empresarial, económico y creativo de emprender la producción de una obra audiovisual, y siempre será denominado productor.

En la introducción de una de las obras más sólidas y extensas sobre los productores, *Los productores en el cine español* (Riambau y Torreiro, 2008), se dedica una parte a la identificación de un retrato robot de la figura del productor. Tomando como referencia el sistema de estudios de Hollywood, dibujan un mapa en el que se explican las diversas acepciones del oficio del *producer* en el sistema norteamericano, lugar de origen de la procedencia del vocablo. En la punta de la pirámide productiva se encontraba el presidente de la compañía, responsable de todas las gestiones económicas y financieras; debajo, un vicepresidente, entre cuyos subordinados aparecía la figura del *executive producer*, responsable creativo de la producción de un estudio y, por tanto, de detectar y seleccionar los proyectos realizables; y en la base, los *producers* quienes, a pesar de aparecer subordinados a los anteriores, en algunos casos se les permitía cierto margen creativo. Además, concretan los casos del *independent producer,* responsable de crear proyectos desde las pequeñas empresas para venderlos a los estudios, y los *producer directors*, realizadores de prestigio que creaban sus empresas para sus propios proyectos.

Sin embargo, aunque el vocablo productor fue esencialmente adoptado por el cine español, las circunstancias y el contexto empresarial, en general bastante endeble, hicieron que históricamente ni las acepciones ni las funciones fuesen para nada las mismas. En la punta de la pirámide productiva siempre se mantuvo la figura de un productor, dueño o accionista principal de la empresa. En determinadas ocasiones, y en etapas de mayor trabajo, surgía un director general de producción, equiparable en sus funciones a la del *executive producer* norteamericano.

Su reflexión final describe una realidad muy específica en los últimos años en España. A consecuencia de la aparición de grandes capitales procedentes o relacionados con el mercado televisivo, pero también a raíz de la madurez en la profesionalización del oficio, surge con fuerza la figura del productor ejecutivo que es quien decide y controla presupuestariamente los proyectos (no necesariamente quien los financia). Debajo de esta figura, el director o jefe de producción asume la organización y gestión del rodaje. También irrumpe con fuerza el productor delegado, habitual en coproducciones internacionales o televisivas y responsable de la negociación con los productores ejecutivos del presupuesto y de la supervisión del rodaje y la producción en general (2008:14).

I.5. Otras líneas de estudio de la producción audiovisual actual

Además del anteriormente citado acercamiento a la producción audiovisual desde la industria, existen también en España libros sobre entrevistas a productores: Riambau y Torreiro (2008) y Yáñez (2009); monográficos sobre productores: Emiliano Piedra en Galán (1990), Elías Querejeta en Cristóbal (1997) y en Angulo, Heredero y Rebordinos (2006), José Luis Dibildos en Frutos y Llorens (1998), Gerardo Herrero en Colmena (1999), Pepón Coromina en Riambau (1999), Andrés Vicente Gómez en Gómez (2001), Cesáreo González en Castro de Paz y Cerdán (2005), Ricardo Múñoz Suay en Riambau (2007) o Josep Antón Pérez Giner en Español (2008), y trabajos posteriores, como los de Clemente (2004, 2007), tangentes a estas diversas líneas de los estudios sobre la producción.

En lo que afecta a la industria, según datos del Ministerio de Educación, Cultura y Deporte recabados en la década actual, los datos correspondientes a largometrajes españoles y distribuidos en España son los siguientes: en 2011 se produjeron un total de 199 largometrajes (151 íntegramente españoles y 48 coproducciones); de los 1.506 largometrajes distribuidos ese mismo año, 351 fueron producciones españolas. En el año 2012 se produjeron 182 largometrajes (126 íntegramente españoles y 56 coproducciones) y de los 1.482 largometrajes distribuidos ese año, 322 fueron españoles. En 2013 se produjeron 231 largometrajes (174 íntegramente españoles y 57 coproducciones); de los 1.629 largometrajes distribuidos, 384 fueron españoles. Y en 2014 se produjeron 216 largometrajes (174 íntegramente españoles y 42 coproducciones); de los 1.590 largometrajes distribuidos, 401 fueron españoles.

En el año 2012 tuvo lugar uno de los éxitos históricos de recaudación en taquilla de una producción española, el largometraje *Lo imposible* (Juan Antonio Bayona, 2012), con una recaudación de 41 millones de euros, al que también se sumó *Las aventuras de Tadeo Jones* (Enrique Gato, 2012) con 18 millones de euros de recaudación. En los últimos años numerosos proyectos también exitosos preceden a estos proyectos. La producción española *El orfanato* (Juan Antonio Bayona, 2007) se convirtió en 2007 en el largometraje de mayor recaudación, superando los 25 millones de euros. Esta situación se ha repetido con producciones como *Ágora* (Alejandro Amenábar, 2009), *Celda 211* (Daniel Monzón, 2009), *Planet 51* (Jorge Blanco, 2009), *Tres metros sobre el cielo* (Fernando González Molina, 2010), *Torrente 4* (Santiago Segura, 2011). Estas cifras consolidan la eficacia y solidez que algunos proyectos españoles alcanzan en el mercado. Con estos precedentes, en 2014 tuvo lugar un acontecimiento que de nuevo volvió a hacer historia en las salas españolas. La producción *Ocho apellidos vascos* (Emilio Martínez Lázaro, 2014) alcanzó una recaudación de 55 millones de euros, convirtiéndose en la producción española más vista en la historia de la taquilla española.

Como contrapunto a este magnífico dato, constatamos también una variable común en todas las producciones españolas distribuidas en el último lustro en las salas cinematográficas españolas: 365 en 2009, 367 en 2010, 351 en 2011, 322 en 2012, 384 en 2013 (datos del Ministerio de Cultura y Deporte, *Boletín informativo de cine: producción, distribución y exhibición de películas*). Una veintena de largometrajes superan el millón de euros de recaudación y el resto no supera los setecientos u ochocientos mil euros de recaudación en taquilla. Esta situación no necesariamente reduce a fallidos el resto de los proyectos, pero sin duda alguna las expectativas depositadas en muchos de ellos han sido otras en sus orígenes.

La personalidad del sector cinematográfico de un país no se sostiene únicamente sobre aquellos proyectos exitosos o de elevadas recaudaciones en taquilla. El cine no es sino un espejo que nos devuelve la imagen de quienes somos, en el que de manera convulsa, desgarrada o amable exorcizamos nuestras vidas, nuestras sociedades, y tratamos de entender y de abordar el gran número de interrogantes que acompañan a los seres humanos y al mundo contemporáneo. De esta manera, numerosos proyectos que se desarrollan cada año no necesariamente alcanzarán notables cotas de éxito ni dimensionadas recaudaciones, y aun así, resulta incuestionable que merecen salir a la luz y hacer su existencia posible. Sus circuitos comerciales, vías y tiempos de exhibición diferirán de los procesos clásicos de explotación, pero el hecho de ser más pequeños y llegar a públicos más reducidos no menoscaba el que merezcan un sitio y un lugar en nuestra cinematografía. La realidad de un mercado cuyas garantías de éxito son siempre inciertas e impredecibles no debe ofuscarnos en la idea de "arrasar las taquillas". Sin embargo, y según los datos de la Confederación de Productores Audiovisuales Españoles (FAPAE), en un país donde la asistencia a las salas de cine se viene desplomando en las últimas décadas, el cine español alcanzó en 2014 la mejor taquilla de su historia con 123 millones de euros, frente a los 119,8 millones de 2012. Una mirada detenida sobre estos datos apunta a que solo son unos pocos títulos los que consiguen superar el millón de euros de recaudación. En este contexto parece lógico y oportuno replantear las singularidades de un sector que implica un elevado riesgo empresarial y, actualmente, en un escenario de crisis económica por la que atraviesa nuestro país, un limitado campo de inversores.

I.6. La estructura del libro

Los próximos capítulos de este libro están estructurados en relación con las figuras de la producción que hacen posible el desarrollo de proyectos en el sector cinematográfico y audiovisual español.

El primer capítulo aborda la dirección y el desarrollo de proyectos audiovisuales a partir de la presentación de las figuras del productor y el productor ejecutivo, y cómo este último se ha convertido en la persona clave capaz de impulsar y materializar cualquier proyecto cinematográfico o audiovisual. En la primera parte del capítulo se analizan las funciones y características del productor, así como las contribuciones realizadas por algunos autores en su afán de concretar y establecer el marco de sus actividades. En la segunda parte se describe en qué consiste la etapa más esencialmente creativa en el desarrollo de un proyecto cinematográfico o audiovisual, así como los elementos que influyen y se activan para que un proyecto pueda ser viable. En la parte final del capítulo se introducen aspectos relacionados con la elaboración del proyecto, también conocido como *package*, las posibles vías de financiación o las fórmulas que se utilizan para su venta, como puede ser el denominado en el argot profesional como *pitching*.

El segundo capítulo está dedicado a la organización y a la supervisión del proceso de producción del proyecto. La figura clave durante el mismo va a ser el director de producción. Se estudian las diversas etapas del proyecto, desde la preproducción y el rodaje/grabación hasta la finalización, que comprende el montaje y la posproducción. Al hilo del desarrollo de la diversidad de equipos de trabajo, sus funciones y relaciones, se introducen también unos cuadros explicativos y una serie de documentos relacionados con cada etapa de la producción: hoja de desglose, ficha de localización, ficha de contrato de localizaciones, plan de rodaje, orden de rodaje, justificación de gastos, parte de producción y calendario de posproducción.

El capítulo tercero es quizá el más novedoso en el conjunto de las publicaciones sobre la producción audiovisual en nuestro país, porque se aleja de las condiciones más puramente técnicas de las producciones cinematográficas y se desplaza hacia quienes, en definitiva, se dirigen todos los esfuerzos creativos y económicos de los procesos de producción cinematográfica y de consecución de una película, hacia los públicos cinematográficos. Para ello se propone un recorrido histórico a través de la evolución de las diferentes teorías sobre la investigación del público desarrolladas en el mercado norteamericano, pero también el trabajo realizado en Francia, Reino Unido y España.

El capítulo cuarto aborda, en primer lugar, las campañas publicitarias en las producciones cinematográficas. Para ello, se presenta un estudio de caso extraordinariamente singular y relevante en la historia de la cinematografía española, el de la campaña de promoción y comunicación del largometraje *Bienvenido, Mister Marshall* (Luis G. Berlanga, 1953). A continuación, se ponen de manifiesto las especificidades de los públicos cinematográficos contemporáneos, tomando como objeto de estudio el público español que asiste a las salas y la circulación de las imágenes sociales que el cine español genera.

Por último, el capítulo quinto es el que plantea una conexión más directa con las voces que hoy en día ponen en pie la profesión y en el que se refleja y se pone en valor todo el contenido desarrollado en los cuatro primeros capítulos del libro. A partir de unos determinados casos prácticos, el objetivo consiste en identificar las principales características de creación, gestión de producción y financiación de cuatro producciones correspondientes a cuatro planteamientos diferenciados en el panorama audiovisual de los últimos años en España: dos largometrajes –*La vida secreta de las palabras* (Isabel Coixet, 2005) y *La caja 507* (Enrique Urbizu, 2002)–, una miniserie de ficción televisiva –*El asesinato de Carrero Blanco* (Miguel Bardem, 2011)–, y un documental para televisión –*Silvio Rodríguez, Ojalá* (Nico García, 2012)– producidas por El Deseo, S. A. y MediaProducción, S. L.; Sogecine; Bocaboca Producciones, TVE y Euskal Telebista y Catorce y TVE, respectivamente.

I.7. Reflexiones sobre la docencia y agradecimientos

En los días en los que se redactan estas últimas líneas del capítulo introductorio se cumple una docena de años de nuestro trabajo como docentes e investigadores en la Universidad Carlos III de Madrid. Desde entonces hemos coordinado e impartido docencia en las asignaturas de Producción Audiovisual y El Cine y la Televisión en España, pertenecientes al plan de estudios de Comunicación Audiovisual.

Al mismo tiempo, tiene lugar la segunda edición del máster académico profesional Máster en Cine y Televisión de la Universidad Carlos III de Madrid, en colaboración con DAMA (Derechos de Autor de los Medios Audiovisuales), que supuso el colofón a una trayectoria de una década de estudios de Comunicación Audiovisual en esta universidad y cuyo objetivo será la especialización de futuros profesionales en la creación cinematográfica y televisiva aplicada al desarrollo de proyectos audiovisuales durante sus procesos de producción y dirección.

Durante años, desde la asignatura de Producción Audiovisual se ha intentado transmitir a los estudiantes que en la producción, así como en los proyectos vitales, es fundamental rodearse de personas que hagan equipo, que trabajen, se esfuercen y contribuyan a la consecución de un objetivo común. Esperamos que este libro contribuya no solo a la formación en las funciones de la producción y gestión de proyectos audiovisuales, sino que transmita la relevancia de ese concepto de equipo que debería de atravesar siempre nuestras vidas. Sin esa misma colaboración colectiva este libro no hubiese sido posible. En primer lugar, nos gustaría transmitir nuestro agradecimiento a los profesionales que accedieron a participar en las entrevistas y a compartir sus experiencias y sus reflexiones permitiendo su publicación. A la productora ejecutiva Esther García de la productora El Deseo, S. A., por hacer infinitos esfuerzos para abrir huecos en su apretada agenda y transmitir con precisión las principales líneas de su trabajo que, como colofón, se han materializado en docencia al asumir la responsabilidad de impartir la asignatura de Producción Ejecutiva en el Máster en Cine y Televisión. Al productor Fernando Victoria de Lecea de Iberrota Films, S.L., por su paciencia al soportar las continuadas visitas a la productora y sobre todo por su generosidad al permitirnos publicar su numerosa y valiosa documentación. Al director de cine Enrique Urbizu, también profesor desde el inicio en los estudios de Comunicación Audiovisual de la Universidad Carlos III, por transmitir con franqueza y honestidad todo su saber y sus reflexiones sobre la creación cinematográfica, cuyas aportaciones además han sido fundamentales para el desarrollo de la asignatura de Producción Audiovisual. Querríamos extender además el agradecimiento por su confianza en la gestación del Máster en Cine y Televisión de la Universidad Carlos III de Madrid. Igualmente tenemos que reconocer el meritorio trabajo de Roberto Jiménez de DAMA durante la creación del máster. A Nacho Faerna por su inmensa gratitud desde incluso antes de conocernos. Su miniserie *El asesinato de Carrero Blanco*, a pesar de ser el último estudio de caso incorporado al libro, supuso el origen de un camino que también le ha traído a la docencia en los estudios de Comunicación Audiovisual y al Máster en Cine y Televisión.

De las cinco colaboraciones de profesionales que aparecen en el libro, probablemente la de Nicolás García, de Catorce Comunicación, es consecuencia de otra de las premisas fundamentales que habitualmente transmitimos a los estudiantes en las clases: que recuerden siempre que serán sus compañeros de generación aquellos que más cerca de ellos estarán y posiblemente los que más les apoyarán el día de mañana. Con Nicolás García coincidimos en los años de estudios en la Universidad Complutense de Madrid. El hecho de haberlo entrevistado para este libro es motivo de orgullo, no solo por la relación personal que nos une, sino porque supone al mismo tiempo el reconocimiento a un compañero que ha trabajado intensamente y que se ha convertido en un modélico productor ejecutivo y creador audiovisual.

En otro plano de agradecimientos, nuestro reconocimiento al grupo de profesores que han impartido la asignatura de Producción Audiovisual, a Sagrario Beceiro, a Guido Cortell, a Carlos Gómez, a Vicente Rodríguez y a Jaime Solano, a todos por su firme compromiso en la preparación de los contenidos teóricos y prácticos de la materia y por sus aportaciones en tantos aspectos del programa. A Mayte Cantillo por su colaboración. A los colegas del área de Comunicación Audiovisual de la Universidad Carlos III de Madrid porque siempre nos han transmitido su apoyo incondicional durante los procesos de documentación del libro. Y un agradecimiento muy especial al apoyo y a la confianza de todos los colegas del Proyecto Plan Nacional I+D El cine y la televisión en la Post-Transición y del Grupo de Investigación TECMERIN, que junto a profesores de otras universidades nacionales e internacionales también han contribuido en muchos sentidos a las reflexiones que inundan este libro. A Margarita Ledo y José Luis Castro de Paz, de la Universidad de Santiago de Compostela, a Jenaro Talens, de la Universidad de Valencia, a Jean-Claude Seguin, de la Université Lumière Lyon 2, a Mirta Varela, de la Universidad de Buenos Aires, a Jo Labanyi, de la New York University, a Zrinjka Perusko, de la Universidad de Zagreb, y a Jorg Turschman, de la Universidad de Viena.

A nuestras madres, Carmen y Felisa (†).

1
La producción ejecutiva: dirección de proyectos audiovisuales

En el presente capítulo se va a realizar una aproximación a la figura del productor ejecutivo en el contexto de la cinematografía española. Un tipo de productor sobre el que recaen toda una serie de decisiones artísticas, económicas y de gestión, que van a aportar a cada producción cinematográfica y audiovisual una singularidad determinada. Antes de concretar las funciones que corresponden al productor ejecutivo, es preciso tener en cuenta las aportaciones hechas por algunos autores en su afán de esclarecer y constatar cómo esta figura se ha convertido en la persona clave para impulsar y materializar cualquier proyecto cinematográfico. En la segunda parte del capítulo, se va a describir en qué consiste la etapa de desarrollo de un proyecto cinematográfico, aquella en la que aparecen o se detectan ideas y guiones, decisiva y fundamental para que un proyecto pueda ser activado. En la parte final del capítulo se introducen aspectos relacionados con la creación del proyecto, como son la elaboración del mismo, también conocida como *package*, el planteamiento de las posibles fuentes de financiación o las estrategias que se activan en un *pitching* durante la presentación del proyecto ante futuros inversores.

1.1. El productor ejecutivo

El productor independiente se ha considerado siempre la figura de mayor relevancia en el sector de la producción cinematográfica. Se entiende que es aquella persona que decide implicarse en el desarrollo de una idea o de un proyecto cinematográfico, supervisando su gestión y asumiendo la responsabilidad económica y el riesgo empresarial del mismo. En primer y en último término, el productor es el responsable de que exista un proyecto audiovisual o cinematográfico.

Ante esta definición, gran parte de los autores que se han pronunciado sobre las características del perfil de un productor cinematográfico, e incluso el propio sector, coinciden sin embargo en asignar a la persona del productor ejecutivo una singularidad determinada y diferenciada del productor. El oficio del productor y del productor ejecutivo va a estar precedido en numerosas ocasiones (dependiendo de la magnitud y la dimensión económica del proyecto) por una coincidencia de ambas identidades en una misma persona. En proyectos de pequeña dimensión es habitual que ambas figuras, y por lo general sus funciones, recaigan sobre una misma persona, mientras que en proyectos de gran dimensión lo habitual es que aparezca diferenciada la figura del productor o productores y la del ejecutivo o ejecutivos.

Existe además una disparidad de criterios en cuanto a las funciones que asumen productores y productores ejecutivos. Mientras que en algunas empresas de producción el productor, para figurar como tal, debe de ser propietario o accionista de la empresa, en otras esto no supone un requisito imprescindible. Asimismo, mientras que para determinadas "escuelas de pensamiento" el productor ejecutivo es el responsable de la búsqueda de la financiación del proyecto, para otras este último debe limitarse a las tareas de organización, gestión y supervisión de la producción.

Jacoste ha definido de manera minuciosa en su libro *El productor cinematográfico* (1995) las distintas categorías existentes en relación con la figura del productor, a partir del origen de los distintos proyectos cinematográficos emprendidos.

En la actualidad, el panorama del sector cinematográfico en España se ha modificado sustancialmente y los productores independientes atraviesan por una absoluta dependencia de las decisiones e inversiones económicas que adoptan un número importante de empresas surgidas bajo el accionariado de las televisiones (hoy en día Telecinco Cinema S. A. U., Atresmedia Cine, Movistar). En este nuevo escenario, la figura del productor ejecutivo ha adquirido una extraordinaria dimensión, como así ponen de manifiesto Riambau y Torreiro:

> En el cine español de las dos últimas décadas, en cambio, ha adquirido mucha mayor importancia la figura del productor ejecutivo (fruto, en parte, de la aparición, o del desembarco en el sector, de grandes conglomerados de fuerte capitalización, por lo general con intereses prioritarios en el mercado televisivo y con una estructura de mandos que hace del productor ejecutivo más un empleado del grupo que un auténtico accionista), que es quien decide y controla presupuestariamente los proyectos, delegando en un director de producción y, en el escalón inmediatamente más bajo, en un jefe de producción, las tareas más ligadas al día a día de un rodaje, que aún hoy sigue siendo la mayor operación de riesgo en todo el proceso de un film. Y junto a ellos, ha aparecido también la figura del productor delegado, sobre todo cuando se trata de coproducciones, bien con segundos o terceros países, bien con otro tipo de empresas (especialmente, las televisivas), que son los que coordinan, negocian o pactan con los productores ejecutivos los presupuestos y los planes de rodaje e inversión (Riambau y Torreiro, 2008:13).

Si se pretende abordar la identidad que caracteriza a un productor ejecutivo, previamente se ha de establecer a quién se denomina productor y qué funciones detenta. El productor es aquella persona que asume la máxima responsabilidad en cuanto a la toma de decisiones sobre los proyectos que se impulsan y se desarrollan desde las empresas de producción. Como ha definido Jacoste, lo más habitual es identificar a un tipo de productor de carácter mixto (inversionista-experto) o a un tipo de productor que adopta únicamente la personalidad de inversor, es decir, su participación en el proyecto se limita exclusivamente a una aportación económica financiera.

Sin embargo, la figura más habitual en la profesión es la del productor experto, y sus características y funciones van a estar definidas a partir de la dimensión empresarial y el tipo de producción en la que actúe. El productor es el responsable de una serie de decisiones clave, desde el establecimiento de una política de trabajo en relación con las producciones que se emprenden desde su empresa (productos que desarrollar, temáticas, géneros), hasta la búsqueda de vías de financiación para producir los proyectos y la supervisión posterior de las amortizaciones.

> El productor desempeña una función de vital importancia, pues es él quien asume, al más alto nivel, las funciones de dirección técnica, comercial, administrativa, etc., de la empresa en cualquier momento; pero, además, es competencia suya el planteamiento y ejecución de las líneas maestras de acción de la organización temporal, en la cual adquiere un claro protagonismo el productor ejecutivo... (Jacoste, 1996:88).

Jacoste delimita el trabajo del productor y lo define como el "gran soñador", mientras identifica al productor ejecutivo con el técnico cinematográfico que deberá intentar hacer realidad "los sueños", léase "las ideas", del productor.

El productor o los productores suelen ser los máximos responsables de una empresa y de las decisiones últimas que se llevan a cabo en la misma. Son las personas que dan luz verde a que se inicie la producción de un proyecto. Esta decisión no significa necesariamente que él los busque, los seleccione y los desarrolle. En numerosas ocasiones los productores delegan estas funciones en los productores ejecutivos, debido a su más elevada especialización, o como plantea Jacoste, a su impronta de expertos. Esto tampoco significa que el mismo productor asuma funciones de productor ejecutivo, circunstancia que sí resulta habitual en empresas de pequeña dimensión y en las que las funciones de ambas figuras se fusionan. En el capítulo quinto vamos a ejemplificar con casos prácticos este tipo de situaciones.

De entre las diversas definiciones que diferentes autores han mantenido respecto al productor ejecutivo, se han seleccionado algunas que pueden ayudar a ajustar sus competencias.

Martín Proharam, en su libro *La organización de la producción en cine y televisión* (1985), explica la figura del productor ejecutivo como el organizador que asume el análisis detenido de un proyecto, del guion, y que aplicará sus conocimientos técnicos, valorará cada alternativa en cuanto a su coste y rendimiento y aplicará en cada caso el criterio permanente de obtener el máximo resultado al mínimo costo, sin olvidar que fabrica una obra de arte con una gran repercusión social.

En la idea de ahondar en la figura del productor ejecutivo como máximo responsable e impulsor del proyecto se manifiestan también Cabezón y Gómez Urdá en *La producción cinematográfica* (1999). Constatan que tanto en Europa como en España, independientemente de que los procesos de producción difieran para cada film, la tendencia es que el control total sobre la producción lo ejerza, según el modelo americano, esta figura. El productor ejecutivo se involucra en la película desde la planificación y búsqueda de recursos, hasta el montaje final y la obtención de la copia estándar. Como impulsor de un determinado proyecto, sigue determinados criterios de viabilidad, rentabilidad económica y creatividad. Es el responsable de la selección y contratación de todos los profesionales que participan en el proyecto y ofrece las máximas garantías del desarrollo de los planes previamente establecidos.

Esta visión del productor ejecutivo se encuentra en la línea de la descripción que realiza Augros en su libro *El dinero de Hollywood* (2000) en relación con el trabajo actual que realizan los productores ejecutivos en las *majors* norteamericanas. Una estructura de organización articulada en torno a un sistema de estudios que hoy en día se caracteriza por la existencia de seis grandes compañías de producción (Fox Entertainment Group, Paramount Motion Picture Group, Sony Pictures Entertainment –que aglutina a la Columbia TriStar Motion Picture Group y a la Metro Goldwyn Mayer Studios, ente otras–, NBC Universal, Time Warner y Walt Disney Company), que representan a intereses financieros de grandes conglomerados de grupos de comunicación y de empresas tecnológicas (News Corporation, Viacom, Sony, General Electric, Vivendi, Time Warner Inc.) que orientan su actividad a la producción, distribución y exhibición.

Augros apunta dos niveles para describir las funciones que realizan los productores ejecutivos. En un primer nivel, estos se convierten en los responsables de atraer hacia los estudios "materiales" valiosos como son guiones, actores y proyectos de películas. En un segundo nivel, una vez que estos se aprueban, se asigna su supervisión, desarrollo, producción y posproducción a alguno de los productores ejecutivos.

> Los ejecutivos de producción de los estudios y especialmente los "productores ejecutivos" constituyen el enlace entre el arte y el comercio. Un buen ejecutivo ha de saber en todo momento cómo engatusar a una estrella y apaciguar a un consejo de administración (…) La posición de los ejecutivos es realmente difícil. Hay que tomar decisiones rápidas que implican sumas importantes. El éxito de una película raramente se les atribuye a ellos; el fracaso, siempre (en particular por parte de los accionistas) (Augros, 2000:69).

Bernstein (1994) plantea las categorías de productor que existen y básicamente, al igual que Jacoste, coincide en la división entre el área del qué y el área del cómo, asignadas al productor y productor ejecutivo, respectivamente.

> El productor ejecutivo puede ser un miembro clave del equipo, supervisando absolutamente la película y realizando el plan de trabajo y el presupuesto, o podría actuar como *line producer* o *production manager*, es decir, organizando la selección del equipo, las localizaciones, atrezo, etc. Habitualmente, el productor que reúne el *package* se denomina productor ejecutivo (Berstein, 1994:258).

Existen numerosos autores que de un modo u otro se han acercado a la figura del productor ejecutivo y han intentado plasmar la definición y la relación de sus funciones y actividades. De manera unánime, todos coinciden en afirmar que las circunstancias en las que se origina el proyecto, la dimensión del mismo y el tipo de empresa que lo impulsa van a incidir en la relación de las actividades que acabe por asumir el productor ejecutivo.

La empresa audiovisual incorpora nuevos y diversos capitales al sector cada año. En el seno de los grandes grupos de comunicación se articulan fusiones y cruces de intereses entre la industria de contenidos y los operadores de televisión, que a veces impiden concretar con exactitud en quién recae la figura del productor. Sin embargo, la figura del productor ejecutivo mantiene su identidad a través de una serie de competencias perfectamente delimitadas. A continuación, se establece un listado de todas aquellas funciones inherentes al productor ejecutivo, al que se puede considerar hoy en día motor clave de todo el proceso de producción cinematográfica. Sus principales funciones son:

1. Búsqueda de ideas, guiones o proyectos y supervisión de su desarrollo.
2. Realización de los pertinentes estudios de viabilidad para estimar la rentabilidad económica de cada proyecto.
3. Elaboración de un presupuesto estimativo para identificar los costes de la producción. Preparación de un proyecto atractivo (*package*) en el que se definan las principales características del mismo (presupuesto, *casting*, equipo técnico-artístico, valores de producción).
4. Establecimiento del calendario general de desarrollo del proyecto (preproducción, rodaje, posproducción).
5. Resolución de las cuestiones económico-financieras, es decir, búsqueda de las principales vías de financiación para el proyecto (siempre y cuando, según la dimensión y tipo de proyecto, la figura del productor y el productor ejecutivo se fusionen).
6. Selección del equipo técnico-artístico adecuado a cada proyecto.
7. Búsqueda y negociación de las principales vías de explotación de la producción (competencias asumidas en calidad de productor).

8. Supervisión de todo el proceso de producción, así como control de las amortizaciones (competencias asumidas en calidad de productor).

Se ha escrito mucha literatura sobre cuáles deberían ser las cualidades idóneas que orientasen la identidad y el buen hacer de un productor ejecutivo. Al margen de apreciaciones más o menos acertadas, hay que asimilar, como ya se ha remarcado, que el escenario audiovisual en el que se impulsan y desarrollan los proyectos cinematográficos evoluciona al hilo de los tiempos, por lo que las cualidades que habrá de perfilar la personalidad del productor ejecutivo nunca deberán ser estrictas e inquebrantables, más bien sugerencias ante un terreno laboral en el que la persuasión y la paciencia obran como grandes artífices:

1. Cultivar un profundo conocimiento del sector audiovisual y cinematográfico. Investigar y estar informado sobre qué proyectos circulan en el mercado, qué se ha estrenado y qué se va a estrenar, los resultados de taquilla, las líneas editoriales de las televisiones, sus programaciones, los estudios sobre los públicos, las últimas tendencias.
2. Dominar la lectura de guiones. En muchas productoras cuentan con un equipo de lectores que se encargan de realizar informes detallados sobre los proyectos: análisis de las historias, las tramas, los personajes.
3. Asumir el control económico y presupuestario del proyecto. Tener conocimiento de los programas informáticos actuales que nos permiten trabajar con agilidad: Excel, Access, Movie Magic.
4. Asumir que la creación de un proyecto significa integrar variables de muy diversa naturaleza: el trabajo artístico de profesionales como guionistas, directores, actores, músicos o directores de fotografía, con equipos técnicos que implican el uso de nuevas tecnologías y variables económicas materializadas en la elaboración y supervisión de un exhaustivo presupuesto y un calendario de pagos.
5. Asimilar que los mercados y festivales internacionales son importantes para impulsar la explotación de las producciones en otros países, así como para detectar la existencia de nuevos proyectos o líneas de coproducccción.
6. Conocer de manera exhaustiva la legislación cinematográfica y audiovisual estatal, europea e internacional.
7. Identificar las múltiples vías de financiación que se abren ante cada nuevo proyecto. Tener capacidad de analizar la singularidad de cada guion y su posterior planteamiento como proyecto para valorar la estrategia de financiación idónea.
8. Participar en asociaciones profesionales del sector cinematográfico permitirá afianzar una política colectiva en defensa de los derechos e intereses de los productores cinematográficos y en consecuencia del sector.

9. En general, para afrontar con claridad y responsabilidad este trabajo, cultivar el arte de la comunicación y del diálogo. Impulsar proyectos, supervisarlos y coordinarlos implica un trabajo continuado y colectivo en el que se aúnan intereses económicos, técnicos y creativos, que no siempre resultan fáciles de articular. Cuanta mayor capacidad de claridad en la exposición de sus argumentos manifieste el productor ejecutivo, mayor eficacia y fluidez comunicativa se alcanzará en cada proyecto.

1.2. Desarrollo de proyectos

En el mismo momento en que se toma la decisión de realizar una película u obra audiovisual, se inicia un proceso específico denominado de producción, una actividad que va a mover intereses económicos y artísticos. Cuando una empresa productora asume la producción de un proyecto, previamente debe haber examinado a conciencia todos los aspectos relacionados con el mismo y debería haber elaborado un estudio de viabilidad, contemplando minuciosamente los aspectos financieros y de explotación del producto. Para ello, y a partir de la materialización de la idea en un guion, se establecerá el diseño o dosier del proyecto, conocido como *package*, en el cual se recogerán cuestiones fundamentales como el coste de la producción, las vías de financiación, los valores de producción (*casting*, director, música, localizaciones), las ventanas de explotación nacionales e internacionales y, sobre todo, aquello que redunde en el éxito de la producción.

Los proyectos cinematográficos atraviesan durante su proceso de producción por varias etapas hasta alcanzar el objetivo final. Un recorrido que se inicia a partir de la selección de una idea y finaliza con la obtención de una obra audiovisual o cinematográfica lista para su distribución y su exhibición, y durante el cual se identifican cuatro etapas:

1. Selección y desarrollo de la idea.
2. Preproducción.
3. Rodaje.
4. Posproducción y finalización del proyecto.

Existen dos etapas fundamentales que se pueden identificar como los pilares de todo proceso de producción cinematográfica, con independencia de la dimensión de la empresa que los emprenda y del presupuesto o coste del mismo.

El primero de ellos es el denominado *desarrollo* y se remonta al origen mismo del proceso, a la realización del proyecto (*package*) y al diseño de la producción. El otro coincide con la etapa del rodaje, para muchos autores la auténtica fase de producción de una película, y se circunscribe al proceso mismo de impresión de las imágenes. Esta etapa, junto al proceso de preproducción y posproducción, se analizará en el capítulo segundo.

En los siguientes epígrafes se mostrarán los pasos necesarios cuando se inicia el proceso de desarrollo de una idea. Como se ha mencionado, esta etapa no solo constituye un pilar fundamental para que cualquier proyecto obtenga luz verde hacia su materialización, sino que va a ser crucial y determinante en relación con la factura final de la producción. Durante el desarrollo se adoptarán decisiones de extraordinario calado, tanto económico como artístico, que podrán hacer del proyecto, bien un producto de éxito o un estrepitoso fracaso.

Una vez que una empresa de producción ha definido su línea editorial, es decir, qué tipo de proyectos entran en la órbita de intereses de la misma, existen diferentes vías por las que comienzan a llegar posibles futuros proyectos en la productora.

1.2.1. Las cuestiones de autoría y el origen de los proyectos

Resulta lógico y coherente deducir que detrás de cada película hay un guion, y detrás de cada guion, una o múltiples ideas. Esta afirmación permite plantear dos incógnitas. La primera pretende esclarecer de dónde surgen o provienen las ideas o los guiones y, la segunda, investigar a través de qué vías llegan estos hasta las productoras.

Afirmar que las ideas afloran por todas partes no supone novedad alguna y corresponde a una realidad tangible. Muestra de ello son los asiduos comentarios evocados al hilo de determinados acontecimientos: "esta historia es de película", sobre todo cuando se recurre a sucesos y acontecimientos políticos, sociales, culturales, deportivos, a catástrofes bélicas o naturales, casi siempre todos susceptibles de ser llevados al cine.

Una idea para una película puede tener su origen en cualquier momento o personaje histórico, en cualquier obra literaria, incluso en cualquier película o serie de televisión ya existentes y, por supuesto, en la imaginación de guionistas, directores y productores. Ante este escenario, hay que reconocer que hacer una película supone un desafío, el desafío de llevar a cabo una idea.

1.2.2. Cuestiones de autoría

El hecho de abordar el trabajo creativo a partir de la utilización de ideas u obras artísticas preexistentes implica necesariamente reparar en las cuestiones legales que devienen de estas situaciones. Aquel productor que emprenda cualquier proyecto que emane de una idea u obra preexistente (independientemente de su naturaleza literaria, audiovisual, musical o periodística...) deberá gestionar la cesión de los derechos de autor. Las definiciones y los términos legales que regulan la propiedad intelectual en España están recogidos actualmente en la Ley 21/2014, de 4 de noviembre, por la que se modifica el texto refundido de la Ley de Propiedad Intelectual, aprobado por Real Decreto legistalivo 1/1996, de 12 de abril, y la Ley 1/2000, de 7 de enero, de Enjuiciamiento Civil.

En este sentido, el productor debe poseer un amplio conocimiento de las definiciones que regulan los derechos de autoría de las obras artísticas (que afecta tanto a los proyectos de nueva creación como a aquellos ya existentes y son susceptibles de ser adaptados o transformados) en España.

El artículo 1 de la ley identifica como autor de la propiedad intelectual de una obra literaria, artística o científica, a aquel "por el solo hecho de su creación".

Corresponden a los autores el derecho moral (del artículo 14 al 16) y los derechos de explotación (del artículo 17 al 23), de participación (artículo 24) y de remuneración por copia privada (artículo 25).

El derecho moral de los autores implica una serie de derechos irrenunciables e inalienables que se concretan en el artículo 14, en el que se plantea la decisión de si la obra ha de ser divulgada y de qué forma; si la divulgación ha de hacerse con su nombre, bajo un pseudónimo o anónimamente; la exigencia del reconocimiento de su condición de autor de la obra y del respeto a la integridad de la obra, e impedir cualquier deformación, modificación, alteración o atentado contra ella que suponga perjuicio a sus legítimos intereses o menoscabo a su reputación; la modificación de la obra respetando los derechos adquiridos por terceros y las exigencias de protección de bienes de interés cultural; la retirada comercial de la obra por cambio de sus convicciones intelectuales o morales, previa indemnización de daños y perjuicios a los titulares de derechos de explotación, teniendo en cuenta que si el autor decide reemprender la explotación de su obra, el anterior titular de los mismos tendrá preferencia de explotación en condiciones similares a las originales; acceso al ejemplar único de la obra, cuando se halle en poder de otro, con el fin de ejercitar el derecho de divulgación o cualquier otro que le corresponda; al mismo tiempo, también serán exclusivos del autor el ejercicio de los derechos de explotación de su obra en cualquier forma y, en especial, los derechos de reproducción, distribución, comunicación pública y transformación, que no podrán ser realizados sin su autorización.

En lo que afecta a la transmisión de estos derechos, el artículo 15 establece que el ejercicio de los derechos de los apartados 3 y 4 del artículo 14, al fallecimiento del autor, corresponden, sin límite de tiempo, a la persona natural o jurídica a la que este se lo haya confiado expresamente por disposición de última voluntad. En su defecto, el ejercicio de estos derechos corresponderá a los herederos. Estas mismas personas, y en el orden en que se indica, podrán ejercer el derecho previsto en el apartado 1 del artículo 14, en relación con la obra no divulgada en vida de su autor y durante un plazo de setenta años desde su muerte o declaración de fallecimiento.

El título VI de la ley está dedicado a las obras cinematográficas y demás obras audiovisuales. El artículo 87 identifica como autores de la obra audiovisual al director-realizador, a los autores del argumento, la adaptación, el guion o los diálogos, y a los autores de las composiciones musicales, con o sin letra, creadas especialmente para la obra audiovisual. La aprobación de la Ley 55/2007 de 28 de diciembre, del Cine, introduce una novedad respecto a los autores de las obras cinematográficas y, en su artículo 4, reconoce también al director de fotografía como autor de la obra.

En lo relativo al derecho de explotación de la obra artística, es imprescindible su cesión al productor para poder ejercer la comercialización de la producción. El artículo 17 establece que corresponde al autor el ejercicio exclusivo de los derechos de explotación de su obra en cualquier forma y, en especial, los derechos de reproducción, distribución, comunicación pública y transformación, que no podrán ser realizadas sin su autorización, salvo en los casos previstos en dicha ley.

Cuando un productor emprende el desarrollo de un proyecto cinematográfico, asume la creación de una obra totalmente original. En la nueva obra cinematográfica se podrán identificar unos nuevos autores que detentarán a su vez unos nuevos derechos de explotación, con independencia de que esta se encuentre o no inspirada en otras obras preexistentes. Si por una parte los derechos de autoría, los derechos morales, son intransferibles e invendibles, por otra, en todo contrato de una producción cinematográfica, los autores deberán ceder los derechos de explotación de sus obras al productor para que este pueda ejercer el derecho de reproducción de la misma, su transformación a cualquier soporte inventado o por inventar, su distribución y su comercialización.

1.2.3. Origen de los proyectos

Los caminos por los que las ideas van a llegar a los productores son múltiples y variados. Desde proyectos que obedecen a la inquietud de los propios productores, hasta ideas o guiones que aterrizan en las productoras de mano de otras productoras, guionistas, directores o incluso productores ejecutivos. Las empresas de producción, siendo fieles a la línea editorial que hayan definido, descartarán unas ideas y contemplarán otras. En algunas empresas cuentan con un equipo de lectura de guiones (personal que no todas las productoras se pueden permitir) que realiza informes sobre el material que reciben. Otras veces, muchas, los productores ejecutivos son los encargados de buscar historias y posteriormente la productora decide si encarga su escritura a determinados guionistas. Durante su proceso de contratación, la cantidad económica que perciben los guionistas por la realización de un guion se desglosa en dos porcentajes, uno se corresponde con el valor de los derechos que son cedidos (todos menos los de propiedad intelectual, que se reflejan en otro contrato) y, el otro, con la remuneración por su trabajo. La relación contractual habitual entre productor y guionista implica cuatro o cinco plazos de entrega del trabajo en relación con las diversas fases de tratamiento y conclusión del guion, situación que protege a ambas partes en caso de desacuerdo. Si en un determinado momento del proceso no existe acuerdo sobre lo escrito, los productores pueden ejercer su derecho a quedarse con el guion, y a su vez, el guionista, con las cantidades cobradas hasta el momento. A continuación el productor puede contratar a otros guionistas para finalizar el guion, y el guionista, en caso de querer recuperar los derechos sobre su guion, deberá recomprar lo cobrado hasta el momento. Los plazos en los que se efectúan los pagos al guionista durante el proceso de escritura se negocian para cada contrato. Suele ser habitual establecer un primer plazo a la firma del contrato y un plazo final cuando el productor comienza a rodar la película. Como consecuencia de las cifras económicas tan reducidas con las que se remunera a los guionistas en España, suele o debería ser habitual que el guionista firme con el productor una participación en beneficios de taquilla, una vez que la película haya recuperado su inversión.

Seleccionada una idea o un guion, entra en escena la persona considerada clave en todo proceso de producción de una película. La que va a hacer posible que exista un nuevo proyecto y la que va a asumir la resolución de numerosas incógnitas en un camino incierto: el productor ejecutivo. El productor ejecutivo no solo deberá tener una especial intuición para detectar buenas ideas, además deberá demostrar a partir de ahora que es un profesional que hace bien su trabajo. Esto significa no solo investigar la viabilidad del proyecto que se aborda, sino adoptar una serie de decisiones económicas, artísticas y técnicas que aportarán una determinada singularidad al proyecto, contribuyendo, en una parte muy relevante, a su posterior éxito.

Quizá la literatura y las obras de autores de reconocido prestigio han sido siempre cuna de numerosas y renombradas producciones. Las adaptaciones son un buen referente para acreditar cómo a partir de una misma historia surgen proyectos tan singulares como diversos. El ejemplo de *Drácula* (1897) de Bram Stoker puede ser extraordinariamente útil para subrayar la afirmación de cómo un proyecto basado en una obra literaria adopta una determinada singularidad. Desde el más reciente *Drácula, de Bram Stoker* (1992) de Francis Ford Coppola, al *Drácula* (1958) de Terence Fisher, o los más antiguos *Drácula* (1931) de Tod Browning y la primera versión de F. W. Murnau, *Nosferatu, el Vampiro* (1922), emanan de una misma historia y, sin embargo, obedecen a proyectos y propuestas absolutamente diferenciadas. Y esto no es debido únicamente a que las cuatro películas estén dirigidas por directores distintos, hecho que, por supuesto, aporta una singularidad de estilo a cada producción. La identidad de la producción ejecutiva está inscrita en cada proyecto a través de un diseño de producción específico para cada propuesta y que se concreta en la toma de una serie de decisiones que afectan a la elección del director, de los actores, del personal técnico, a la dimensión económica de la producción, a las localizaciones, al vestuario, a los decorados, a la banda sonora. Un sello de identidad propia que emana de un concepto de producción y de una propuesta de puesta en escena que asume el director a través de la materialización artística y creativa de la película.

1.3. Realización del *package*

El proceso de selección de una idea y desarrollo del guion ha de superar un primer filtro de análisis en su recorrido hacia la elaboración del proyecto (más conocido como *package)*. Esto supone el análisis de las siguientes variables:

1. La conexión de la idea con la línea editorial y los intereses de la productora.
2. La existencia de un público potencial para ese proyecto, es decir, si la historia va a conectar con los gustos del público.
3. La dimensión económica de la historia va a posibilitar que pueda ser asumida por la productora.

El análisis de estas variables, a excepción de la primera, carece *a priori* de rigor objetivo (si por algo se caracteriza el sector cinematográfico es por la constante incertidumbre que lo rodea), de ahí que la función y el trabajo de un productor ejecutivo consista en intentar despejar este tipo de incógnitas y aportar la mayor racionalidad al proyecto. Para introducirse en el análisis de estas variables, el productor ejecutivo debe conocer a conciencia el mercado: qué proyectos se estrenan, qué historias funcionan, cuáles son los resultados de taquilla, qué estudios sobre públicos existen, sus edades, sus gustos, sus hábitos de ocio y de consumo. Estos datos le serán de gran ayuda cuando tenga que evaluar las conexiones entre una determinada historia y la existencia de un público potencial para ella.

El productor ejecutivo valorará también la dimensión económica que exige una determinada idea. Existen historias que *a priori* implican una gran dimensión logística, inalcanzable para muchas empresas de producción (numerosos efectos especiales, compleja posproducción, especialistas, gran número de localizaciones y de extras), por lo que una evaluación del coste global de la película a tiempo impedirá futuros esfuerzos económicos innecesarios.

Si la historia o el guion superan este primer filtro, se inicia la auténtica construcción del proyecto: el *package*. Realmente un *package* consiste en la materialización de una serie de decisiones que aportan al proyecto personalidad propia y que ayudan a los futuros coproductores o inversores a visualizar y conocer qué tipo de película se les está proponiendo.

Los principales elementos que aúna un *package* son:

1. El guion.
2. El presupuesto (detallado por capítulos).
3. La propuesta de ficha técnica: dirección, dirección de fotografía, dirección artística, figurinista, músico.
4. La propuesta de ficha artística: actores principales (valores de producción).
5. El plan de financiación complementario, en el que se indica los recursos económicos propios y los que se solicitan.

Los valores de producción son los elementos que de una manera más visible van a diferenciar a un proyecto de otro, aquellos que aportan auténtica singularidad a una producción cinematográfica.

En primer lugar, de qué historia se trata. El guion se sostiene como punto de partida para vender un proyecto. La reiterada frase "¿de qué va la película?" resulta fundamental cuando de lo que se trata es de conseguir financiación para el proyecto. Muchas historias son en sí mismas auténticos valores de producción, puesto que obedecen a situaciones, acontecimientos, personajes u obras literarias conocidas por el gran público. Sirvan de ejemplo *Gandhi* (1982) de Richard Attenborough, *JFK* (1991) de Oliver Stone, *La lista de Schindler* (1993) de Steven Spielberg, *Titanic* (1997) de James Cameron, o *El señor de los anillos: la comunidad del anillo* (2001) de Peter Jackson. El hecho de que el público pueda reconocer o identificar una historia que ha leído –*Alatriste* (2006) de Agustín Díaz Yanes– o que pertenece a la memoria histórica de sus vivencias –*El laberinto del fauno* (2006) de Guillermo del Toro, *La lengua de las mariposas* (1999) de José Luis Cuerda, *Mar adentro* (2004) de Alejandro Amenábar– o a la memoria colectiva de la humanidad –*La vida secreta de las palabras* (2005) de Isabel Coixet–, hace que la curiosidad por la idea aumente y se genere una mayor expectación por esa nueva película.

El director y el *casting* son quizá la clave más relevante en la búsqueda de financiación de un proyecto. Hoy en día resulta imposible impulsar una historia si no contamos con un actor o actriz de reconocido prestigio en el reparto de la película. Desde todo punto de vista parece impensable vender cualquier proyecto al mercado internacional si este no está avalado por una figura del *star system* internacional.

> El factor más importante para obtener financiación extranjera será el *package*: el guion, reconocida gente de producción (especialmente el director) y el nombre de los actores. Será casi imposible conseguir financiación extranjera (o considerable financiación norteamericana, en realidad) sin "nombres" que adjuntar. Por lo tanto, trata de obtener cartas de conocidos actores, en las que ellos se comprometan con tu proyecto si se materializa el dinero (Merritt, 1998:25).

Valores de producción como la música original o el tipo de localizaciones de la producción pueden despertar cierto atractivo hacia el proyecto, aunque en la actualidad son las propuestas de *casting*, la historia y el director, las decisiones que más interesan a aquellos que se plantean adquirir los derechos de explotación de una producción cinematográfica.

También se ha apuntado como valor de producción el coste genérico del proyecto. La importancia de este dato es crucial, pues ayuda a obtener una visión cercana a la dimensión real del mismo, bien se trate de un proyecto independiente y de escaso riesgo económico, bien de un proyecto de gran dimensión, que implique una factura final de alta calidad y que permita recuperar importantes beneficios y contribuir a crear una imagen de marca de reconocido prestigio en el sector.

Las vías de financiación complementaria suponen para el futuro inversor otro valor añadido a la producción. Garantizan un cierto desahogo al compartir el riesgo económico y la confianza sobre un mismo proyecto.

El productor ejecutivo es el responsable de evaluar el coste genérico de la producción y de presentar al productor su particular y personal visión sobre la elaboración del *package*. Como profesional experto, desarrolla una especial capacidad para analizar los guiones y construir aquellas propuestas que más se ajusten a los intereses artísticos y económicos manifestados por la productora. El productor ejecutivo aporta una identidad propia a cada proyecto, y entre sus más inmediatas decisiones se encuentra la propuesta de la elección del director, decisión que deberá consensuar y confirmar con el productor o productores de la película. Una de las primeras contribuciones del director, ya incorporado al proyecto, se materializa en la selección de los actores y actrices protagonistas. Esta decisión incide, más que ninguna otra, en el coste del proyecto y, aunque la presencia de *casting* internacional encarece especialmente el coste de las producciones –Nicole Kidman en *Los otros* (2001) de Alejandro Amenábar, Viggo Mortensen en *Alatriste* (2006) de Agustín Díaz Yañes, o Tim Robbins en *La vida secreta de las palabras* (2005) de Isabel Coixet–, también supone una realidad que abre, como ningún otro valor de producción, las puertas del mercado internacional.

Uno de los elementos clave y decisivos en el proceso de desarrollo de un proyecto cinematográfico consiste en la financiación del mismo. El sentido que tiene la elaboración de un *package* no es otra que la de poder presentar el proyecto a los diferentes y potenciales inversores y mercados de explotación audiovisual. El guion, junto a las variables económicas y artísticas que lo acompañan, aporta personalidad e identidad a un proyecto que únicamente existe sobre unas páginas y en la cabeza de un productor y un productor ejecutivo. La búsqueda de financiación para un proyecto cinematográfico es una actividad compleja, en la que se habrá de convencer a futuros inversores para que se impliquen en una actividad empresarial de elevado riesgo e incertidumbre.

1.4. Principales vías de financiación cinematográfica

La financiación de un proyecto cinematográfico se consolida actualmente en España a partir de dos grandes vías: las ayudas o subvenciones públicas y la aportación de las televisiones. La existencia de otras fuentes contribuye a completar la financiación del presupuesto, pero en el escenario actual, sin contar con el dinero de las ayudas públicas o el de las televisiones, resulta casi imposible impulsar el desarrollo de una producción. A continuación se ofrece una relación de las vías de financiación más habituales en la producción española contemporánea. Estas no entran en contradicción con las múltiples iniciativas que desde siempre han ejercido algunos productores en pro de la localización de vías de financiación complementarias (negociaciones políticas de alto nivel para conseguir fondos al margen de las ayudas regladas y competitivas, deriva de los beneficios adquiridos en otros mercados hacia el sector cinematográfico, etc.).

1.4.1. Ayudas públicas

Con el objeto de continuar una trayectoria histórica en el desarrollo de normativas integrales en relación con el fomento y la protección de la cinematografía y el sector audiovisual, se aprueba la Ley 55/2007, de 28 de diciembre, del Cine. Su posterior desarrollo se materializará a través de la aprobación del Real Decreto 1084/2015, de 4 de diciembre, por el que se desarrolla la Ley 55/2007, de 28 de diciembre, del Cine, la Orden ECD/2796/2015, de 18 de diciembre, por la que se establecen las bases reguladoras de las ayudas previstas en el capítulo III de la Ley 55/2007, de 28 de diciembre, del Cine, y se determina la estructura del Registro Administrativo de Empresas Cinematográficas y Audiovisuales, y la Orden ECD/2784/2015, de 18 de diciembre, por la que se regula el reconocimiento del coste de una película y la inversión del productor.

Las ayudas establecidas en la orden son:

1. Ayudas generales para la producción de largometrajes sobre proyecto.
2. Ayudas selectivas para la producción de largometrajes sobre proyecto.
3. Ayudas a la producción de cortometrajes: sobre proyecto y por cortometrajes realizados.
4. Ayudas a la distribución.
5. Ayudas para la participación de películas españolas en festivales.
6. Ayudas para la organización de festivales y certámenes

Complementarias a las ayudas estatales, muchas Comunidades Autónomas han legislado durante los últimos años una serie de medidas de fomento y promoción a la cinematografía, y contemplan ayudas a la creación de guiones, al desarrollo de proyectos y a la producción de largometrajes y cortometrajes.

1.4.2. Ayudas europeas

La Unión Europea ha consolidado un programa de apoyo al sector audiovisual europeo conocido como el Programa Media. Los objetivos del mismo consisten en "preservar y valorar la diversidad cultural y lingüística y el patrimonio cinematográfico y audiovisual europeos, garantizar su acceso al público y favorecer el diálogo intercultural", "aumentar la circulación y la audiencia de las obras audiovisuales europeas (películas y programas de televisión) dentro y fuera de la UE" y "reforzar la competitividad del sector audiovisual europeo en el marco de un mercado abierto y competitivo que favorezca el empleo". Para ello, y desde el año 1991, se han ido sucediendo distintos programas. Desde 2014 MEDIA es un subprograma de Europa Creativa que depende de la Agencia Ejecutiva de Educación, Audiovisual y Cultura (EACEA). Las líneas de acción de este subprograma están dirigidas hacia la formación, el desarrollo, la distribución, los agentes de ventas, la promoción y las redes de exhibición. Cuenta con un presupuesto para siete años, Europa Creativa 2014-2020.

1.4.3. Ibermedia

El Programa Ibermedia es un fondo iberoamericano que pretende promover en sus estados miembros y por medio de ayudas financieras la creación de un espacio audiovisual iberoamericano que implica el estímulo a la coproducción de películas para el cine y la televisión, al montaje inicial de proyectos cinematográficos, a la distribución y promoción de películas en el mercado regional y a la formación de recursos humanos para la industria audiovisual. Diecisiete países financian actualmente el Programa (Argentina, Bolivia, Brasil, Colombia, Costa Rica, Cuba, Chile, Ecuador, España, Guatemala, México, Panamá, Paraguay, Perú, Portugal, Puerto Rico, República Dominicana, Uruguay y Venezuela), así como el reembolso de los créditos concedidos. El requisito para optar a las ayudas de coproducción de largometrajes implica que, al menos en su producción, participen dos o más productores de dos o más países miembros del Programa Ibermedia.

1.4.4. La distribución cinematográfica

Las distribuidoras son las responsables intermediarias de poner en circulación los largometrajes en el mercado de la exhibición. La compra o cesión de los derechos de explotación de los mismos son negociados con el productor e implican una serie de cláusulas contractuales, entre otras, las zonas geográficas para las que se vende la distribución de la obra, el periodo de tiempo que dura la cesión de derechos de explotación o las condiciones económicas en que esta se realiza. La relación contractual puede marcar una venta "a porcentaje" o "a tanto alzado". Dependiendo de la fuerza que tenga la película (valores de producción como el *casting*, el director o la dimensión económica del proyecto), el productor podrá, bien forzar una venta a tanto alzado –la negociación de una cantidad económica fija al margen de los ingresos de taquilla–, bien una venta a porcentaje, es decir, la recuperación de un porcentaje de la taquilla independientemente de los resultados de la misma. Esta última opción es la más habitual y la que se negocia para casi todas las producciones que tienen asegurado su estreno en sala. Hace unos años era habitual que los distribuidores adelantasen una cantidad económica (los adelantos de distribución) al productor, lo que contribuía a inyectar un cierto desahogo financiero al proceso de producción. En la actualidad y debido al desplome de las taquillas, los distribuidores excepcionalmente adelantan el pago de publicidad y copias, cantidad que será descontada *a posteriori* en las liquidaciones. La mejor opción para los productores consiste en intentar negociar preventas de distribución que aseguren el estreno en diferentes países. Debido a la dificultad y complejidad de acceso a determinados mercados (el norteamericano, el latinoamericano o el asiático), numerosos productores recurren a los agentes de ventas internacionales, quienes se encargan de promover las películas entre las distribuidoras para que se interesen por ellas. Garantizar una distribución internacional se traduce en la consecución de unos adelantos económicos que contribuyen a la financiación de la producción, al margen de que *a posteriori* haya que descontar esa cantidad económica de los futuros ingresos internacionales. Esta última opción, sin embargo, implica una gran dificultad para la mayor parte de las productoras españolas, incapaces de conseguir la comercialización internacional de sus producciones más allá de nuestras fronteras.

1.4.5. Las televisiones

Las relaciones económicas que las televisiones establecen con la producción independiente en España suponen actualmente la supervivencia misma del sector cinematográfico. A consecuencia de la aplicación de la Directiva 2007/65/CE del Parlamento Europeo y del Consejo por la que se modifica la Directiva 89/522/CEE sobre la coordinación de determinadas disposiciones legales, reglamentarias y administrativas de los Estados miembros relativas al ejercicio actividades de radiodifusión televisiva y su trasposición a la legislación española materializada en la Ley 7/2010, de 31 de marzo, General de Comunicación Audiovisual, los operadores de televisión de cobertura estatal o autonómica deberán contribuir con las siguientes obligaciones: destinar un 5% del total de sus ingresos devengados en el ejercicio anterior a la financiación anticipada de producción europea de películas cinematográficas, películas y series para televisión, documentales y películas y series de animación, correspondientes a los canales en los que emitan estos productos audiovisuales (con una antigüedad menor a siete años desde su fecha de producción). Para los operadores de titularidad pública de cobertura estatal o autonómica, esta obligación será del 6%. El 60% de esta obligación de financiación –el 75% para operadores de titularidad pública– se dedicará a películas cinematográficas de cualquier género. Como mínimo, el 60% de esta financiación deberá estar destinada a la producción de películas cuya lengua original sea alguna de las oficiales en España, y al menos el 50% deberá aplicarse anualmente a obras de productores independientes. El cumplimiento de estas obligaciones debería repercutir directamente en la dinamización del sector cinematográfico en España y contribuir a la adquisición de derechos de emisión a las productoras independientes, convirtiéndose en una vía importante para la financiación de los proyectos.

Mientras que la diversidad de plataformas de televisión de pago se ha ido consolidando en España en los últimos años (Movistar+, Vodafone TV, Orange TV y

Euskaltel), Movistar+ (resultante de la adquisición de Canal+ por Telefónica y la posterior fusión con Movistar TV) ostenta con amplia distancia la mayor cifra de número de abonados de televisión por suscripción, lo que provoca un liderazgo en solitario en el ámbito de la inversión financiera en la producción cinematográfica y audiovisual, cuestión que ha derivado en la progresiva reducción de inversión de televisiones privadas y públicas en la adquisición de derechos de emisión (durante una época la existencia de dos plataformas televisivas de pago, Canal Satélite Digital y Vía Digital, contribuyó a la bonanza económica con la adquisición de derechos de admisión de largometrajes hasta el año 2003, cuando ambas se fusionaron en Digital+). Posteriormente algunas televisiones generalistas dieron un giro a su política de inversión en proyectos cinematográficos y decidieron apostar por un número concreto de proyectos, escasos pero ambiciosos: *Alatriste, El laberinto del Fauno, El camino de los ingleses, Los Borgia...*

1.4.6. Adelantos por venta de derechos de vídeo

Con la aparición de internet y sus posibilidades como ventana de distribución, esta vía se ha convertido en una fuente de ingresos actualmente inexistente o cuya aportación es ínfima en el conjunto de la financiación del proyecto.

1.4.7. Ingresos publicitarios

La publicidad se está convirtiendo durante estos últimos años en una fuente de ingresos que contribuye a abaratar costes o a desahogar partidas. Resulta complicado obtener un contrato publicitario cuantioso si la producción no reúne una serie de valores de producción de notable prestigio que garanticen la comercialización internacional y el posible éxito de la película. Esta vía de financiación es habitual en producciones internacionales de gran dimensión, en donde las grandes marcas de bebidas y productos alimenticios, de tecnología, de ropa deportiva o de coches, no dudan en introducir su presencia. En España, los productores todavía plantean ciertas reticencias hacia esta vía de financiación en sus películas, porque muchos directores entienden la presencia de la publicidad o de las marcas, en su trabajo, como una intromisión y perversión a su concepto de autoría. A pesar de esta situación, cada vez resulta más habitual que los productores intenten negociar la utilización de determinadas marcas para contribuir al abaratamiento de algunas partidas del presupuesto.

1.4.8. Capitalización de sueldos y participación en beneficios

Capitalizar el sueldo de un trabajador en una producción cinematográfica se traduce como la conversión de su retribución del salario laboral en financiación anticipada para esta. El guionista, el director o algunos de los actores principales renuncian a su remuneración inicial y la retrasan hasta el momento en que la producción comience a generar ingresos o beneficios. Esta fórmula permite desviar sus sueldos a partidas del presupuesto de la producción imprescindibles para poder finalizar la película. La participación en beneficios es una fórmula habitual cuando los actores principales tienen un caché muy elevado y a la productora le resulta imposible asumirlo *a priori.* Esta situación se resuelve negociando una participación en los ingresos futuros de la producción, sobre ingresos netos o sobre bandas. Esto significa que se van marcando unos porcentajes de beneficios a partir de que la película vaya superando determinadas parcelas de ingresos.

1.4.9. Financiación propia

En casi todos los proyectos la productora asume un porcentaje de riesgo empresarial que coincide con la parte de la financiación del presupuesto que falta por completar. Esta partida económica procede, bien de los fondos económicos propios de la empresa productora, bien de los diferentes créditos bancarios que esta pueda solicitar. En proyectos ambiciosos y de elevados presupuestos, otra opción posible para disminuir el porcentaje de riesgo empresarial que debe asumir la productora consiste en dar entrada a una o varias empresas coproductoras. Esta opción permite compartir y repartir la financiación del proyecto y, en consecuencia, según el porcentaje de participación que asuma cada coproductora, un reparto de los derechos de explotación y comercialización de la película.

1.5. Venta del proyecto: el *pitching*

La venta de un proyecto encuentra su origen, en múltiples ocasiones, en la presentación de una idea o de un guion con el fin de obtener confianza y financiación para su desarrollo y para su venta. Guionistas y productores se convierten en los embajadores (o vendedores) de sus propios proyectos.

El conocido como *pitching* consiste en una situación en la que se afronta la presentación de un guion o de un proyecto, el *package*, ante un productor, un ejecutivo de televisión o posibles inversores, con el objetivo único de que estos confíen en el proyecto y se involucren en su compra, financiación o coproducción. Si bien la situación tiene lugar de manera habitual en los despachos de productores o de ejecutivos de televisión, la denominación de *pitching* a este encuentro todavía no está muy generalizada en España.

La utilización del término es más habitual para denominar aquellas situaciones en las que los productores participan en *pitching* organizados en el seno de festivales o mercados de cine, en donde un comité formado por representantes de televisiones, productoras y distribuidoras asiste a la presentación de proyectos cinematográficos y audiovisuales y analiza las posibilidades de financiación y viabilidad de los mismos.

De una forma o de otra, en el interior de un despacho o en el contexto de un mercado o de un festival de cine, un *pitching* permite al guionista o al productor la posibilidad de exponer su idea, su proyecto. Este hecho ya supone un logro en un escenario en el que la disponibilidad de agenda de productores y ejecutivos de televisión implica una gran dificultad para la concreción de una cita.

Durante el *pitching* será oportuno destacar los valores de producción del proyecto como estrategia prioritaria para vender la rentabilidad económica, social o cultural del mismo. La estrategia de muchos productores consiste en hacer referencia a la demanda social y a la excepcional contribución al mundo cinematográfico que implica su película o su obra audiovisual. La presentación atractiva del proyecto es fundamental y deberá incitar al interés y al conocimiento del mismo. Ken Rotcop relata en su libro *The perfect pitch* (2001) numerosas estrategias para enfrentarse a un *pitching.*

> Estas son las dos fórmulas que utilizo. Una, realizar una pregunta que tenga que ver con tu guion para captar su atención (la del ejecutivo). Dos, contar una historia interesante de por qué y cómo tú escribiste el guion. Encontrarás que ahora tienes su atención absoluta. El *pitch* no debería ser superior a dos minutos. Tras dos minutos, empezarás a perder su atención (Ken Rotcop, 2001:3).

El productor debe transmitir confianza y seguridad en el proyecto. Deberá aludir a la calidad del mismo y justificar por qué se trata de un proyecto interesante e importante. Los valores de producción, sobre todo la historia, el director y los actores principales, se convierten en el gran reclamo y en las razones que hacen a ese proyecto atractivo, diferente y necesario. No solo la calidad creativa y el talento depositado en el guion, la dirección y la interpretación son suficientes para convencer a futuros inversores. Un presupuesto coherente y un plan de financiación realista ayudan a completar la presentación de un proyecto y a recabar la confianza necesaria para que coproductores o televisiones decidan invertir en él. Pero como también ocurre, y muchos productores reconocen, a un futuro inversor hay que decirle lo que quiere escuchar. De ahí que sea fundamental conocer e investigar *a priori* todos los elementos que definen y caracterizan la personalidad, el comportamiento y la línea de trabajo editorial de aquellos con los que un productor se habrá de entrevistar.

Un productor que se encuentre inmerso en un proceso de financiación como el cinematográfico, complejo y muy complicado, nunca debe olvidar que en múltiples ocasiones las decisiones políticas se encuentran muy por encima de la bondad de cualquier proyecto. Lección que debe aprender para no caer en el desánimo y, sobre todo, para no desprenderse de aquello que es la clave y motor decisivo que impulsa cualquier producción por encima de todo, la creencia absoluta en el proyecto y las ganas de hacerlo.

2
La dirección de producción: organización y supervisión del proceso de producción

Una vez que el productor o productores dan luz verde a la realización de un proyecto cinematográfico se inicia la producción del mismo. Para afrontar el desarrollo del proceso se incorpora al equipo una figura de extraordinaria relevancia y cuya presencia se mantendrá hasta la consecución final de la obra cinematográfica. En el presente capítulo nos vamos a centrar en el trabajo del director de producción. Esta categoría profesional del equipo técnico ostenta una importancia radical en todo proceso de producción. Las decisiones que tendrá que afrontar el director de producción van a ser definitivas para la singularidad de un proyecto cinematográfico. Tanto es así que todo el resultado del trabajo creativo del director de la película dependerá, bajo todo punto de vista, de la política de organización y trabajo que aplique el director de producción, en quien el productor ejecutivo habrá delegado la responsabilidad de materializar la línea creativa y estética del director y, por extensión, de la producción.

2.1. El director de producción

El director de producción es una figura clave durante todo el proceso de producción, puesto que va a ser el responsable de garantizar los intereses de la producción en toda su dimensión. Los productores y la producción ejecutiva depositan en esta figura toda la confianza para que ejerza de enlace entre las decisiones creativas y las decisiones económicas del proyecto (Veremos de qué manera supervisa todos los trabajos creativos de los distintos equipos y, a su vez, ejerce un férreo control económico sobre las distintas partidas del presupuesto).

Estaría fuera de toda lógica, además, que el director de producción no trabajase para alcanzar el proyecto del director, pero también resultaría insólito que el director y su equipo, firmemente representado por el ayudante de dirección, no colaborasen a conciencia con el director de producción en un proyecto colectivo en el que la implicación de todos debe ser total.

La identificación de las funciones que corresponden al director de producción va a permitir ahondar en el conocimiento de cada una de las fases por las que atraviesa un proyecto audiovisual, analizando qué equipos técnicos y artísticos participan y qué trabajos se desarrollan.

Como se ha visto en el primer capítulo, la fase primigenia de todo proyecto audiovisual arranca con la selección de una idea y los trabajos preparatorios para la futura materialización de la misma (consecución de un guion, construcción del proyecto –*package*–, definición del coste de la producción y búsqueda de la financiación). El éxito de esa primera etapa, en donde el protagonismo es asumido por los productores y la producción ejecutiva, tendrá como consecuencia el visto bueno del proyecto y el arranque y la producción del mismo.

Durante todo el proceso creativo de un proyecto se identifican cuatro etapas fundamentales hasta la obtención de la copia estándar o de la primera copia de la película: la selección, desarrollo y preparación de una idea; la preproducción del proyecto, el rodaje o grabación del mismo, y el montaje y posproducción). Posteriormente se inicia un proceso que se corresponde con la supervisión y el control de la explotación comercial de la película.

En el primer capítulo se incidía en la idea de que numerosas gestiones de promoción y comercialización de la producción, es decir, del proyecto, se inician ya desde el origen mismo durante su etapa de desarrollo. Este libro se centra en el estudio del desarrollo de proyectos y su producción hasta la obtención de la primera copia lista para su distribución y exhibición, por lo que no se contempla ni se van a relatar las características y singularidades de la vida comercial de un proyecto cinematográfico.

2.1.1. Funciones del director de producción

Para utilizar una definición precisa que indique con exactitud cuáles son los trabajos que identifican a la categoría profesional del director de producción, parece conveniente remontarse a una de las mejores descripciones que emana de la Directors Guild of America, un sindicato/gremio que representa a más de 13.400 miembros que trabajan en el sector audiovisual en Estados Unidos. La DGA tiene su origen en la Screen Directors Guild, que crean en 1936 trece directores de cine con el objetivo inicial de alcanzar reconocimiento propio y libertad creativa en su trabajo. Posteriormente, en el año 1937, el sindicato incorpora también a los ayudantes de dirección y en 1938 representa ya al 95% de los directores y ayudantes de dirección de Hollywood. En la década de 1960, la Screen Directors Guild y la Radio and Television Directors Guild se fusionan, dando lugar a la Directors Guild of America. La DGA negocia y establece planes de pensiones, un plan de salud y la incorporación de nuevas categorías profesionales. Entre los principales objetivos del sindicato/gremio se encuentra la protección legal de los derechos artísticos de sus integrantes, la lucha por su libertad creativa y el fortalecimiento de medidas significativas que aporten dignidad y crédito a sus carreras. En este sentido, una de las acciones más sobresalientes del sindicato es su consolidación como único colectivo e interlocutor válido para la negociación de directores, directores de producción, ayudantes de dirección y coordinadores técnicos en la industria del cine.

El director de producción, término habitualmente conocido y utilizado en la producción audiovisual, es la persona asignada para trabajar en una o más producciones cinematográficas. Después de que un proyecto recibe la aprobación para su producción, no serán asignadas a ningún otro profesional las obligaciones del director de producción. Este tiene la misión, bajo la atenta supervisión del productor o productor ejecutivo, de coordinar, facilitar y supervisar la unidad o unidades de producción, en la medida prevista que se asigne, de toda la logística, las decisiones de producción diarias, las localizaciones, el presupuesto y la coordinación del personal. Entre las funciones que deberá asumir el director de producción se encuentran:

1. Preparar un desglose del guion y resolver las necesidades de rodaje de cada secuencia.
2. Preparar y coordinar el presupuesto.
3. Organizar, gestionar y coordinar el trabajo artístico y técnico realizado por los distintos jefes de equipo (producción, dirección, dirección artística, dirección de fotografía, sonido, vestuario, maquillaje, peluquería).
4. Supervisar la búsqueda de localizaciones y solventar la complejidad de las negociaciones que implique su consecución.
5. Iniciar y mantener relaciones "adecuadas" con las autoridades locales donde se ubiquen las localizaciones con el fin de establecer un operativo sólido y eficaz.
6. Supervisar la complejidad de la producción en cada día de trabajo, recogiendo el trabajo realizado y rindiendo cuentas a los productores y productores ejecutivos.
7. Elaborar los calendarios de rodaje coordinado con el equipo de dirección.
8. Coordinar la organización de transportes y alojamientos para el equipo técnico y artístico.
9. Preparar y coordinar el montaje y la posproducción.

A continuación se van a presentar cada una de estas funciones en su auténtica dimensión y, a través de la figura del director de producción, se abordarán las singularidades de cada fase del proyecto.

El director de producción se incorpora habitualmente al proyecto durante la primera fase del mismo, la de selección y desarrollo de la idea. Dependiendo de la estructura de la empresa productora, de las rutinas de producción establecidas para cada proyecto, incluso de la dimensión del mismo, su presencia se va a adelantar o a posponer en relación con las necesidades que planteen productores y productores ejecutivos. En numerosas ocasiones, de manera paralela a la construcción del *package,* el director de producción, que junto al director será de los primeros miembros del equipo en ser contratado, comenzará su actividad dentro del proyecto. Entre sus funciones se encuentra la de iniciar las gestiones relacionadas con la elaboración del presupuesto, con el desglose minucioso del guion, con la búsqueda y negociación de las localizaciones, con las contrataciones del equipo técnico y artístico. Resulta habitual, incluso cuando aún no se ha cerrado completamente la financiación, que el director de producción tome las riendas de un proyecto a la espera de que se active la luz verde para su desarrollo. En este sentido, la producción y la producción ejecutiva depositan su absoluta confianza en este miembro del equipo, responsable de que la preproducción, el rodaje y la finalización de la producción alcancen su buen fin.

Por la naturaleza de sus funciones y las responsabilidades que asume, cuando se inicia la preproducción, el director de producción se convierte en el gestor del proyecto. Entre sus funciones conviene destacar la de coordinación de todos los equipos técnicos y artísticos y la de coordinación de todas sus necesidades y funciones. A continuación se presenta un cuadro que permite observar su posición en relación con el resto de los equipos y la dimensión del personal que habrá de gestionar.

Cuadro 2.1. Las figuras de la producción-dirección y su relación con los equipos de rodaje

Productor/Productor asociado/Productor delegado/Coproductor

↓

Productor ejecutivo

↓

Director de producción

↓

Director

↓	↓	↓	↓	↓
Director de fotografía	Director artístico	Dirección	Producción	Sonido
↓	↓	↓	↓	↓
Segundo operador	Escenógrafo/ Figurinista/ Maquillador/ Peluquero	Primer ayudante de dirección	Primer ayudante de producción	Jefe de sonido/ sonidista

↓	↓	↓	↓	↓
Ayudante de cámara o foquista	Jefe de decorados	Segundo ayudante de dirección	Segundo ayudante de producción	Ayudante de sonido/ pértiga
↓	↓	↓	↓	
Segundo ayudante	Ayudante de decoración	*Script*/ Secretario de rodaje	Secretario de producción	
↓	↓	↓	↓	
Auxiliar	Regidores atrezzistas	Auxiliar	Auxiliares producción	
↓	↓	↓	↓	
Meritorios	Carpintería Pintores Escayolistas	Meritorios	Contable Cajero/pagador Conductores	
	↓		↓	
	Meritorios		Meritorios	

2.2. Fase de preproducción

Los trabajos y actividades que tienen lugar durante la etapa de preproducción constituyen de alguna manera los pilares que sostienen todo el proceso de producción cinematográfica. El guion se convierte en el absoluto protagonista a partir del cual se va a extraer toda la información necesaria que va a permitir confeccionar el presupuesto y el plan de rodaje de una producción.

La duración de la etapa de preproducción está directamente relacionada con la duración del rodaje. Al menos tendrá una duración igual o similar a esta última. No hay que descartar etapas de preproducción que alcanzan una duración muy superior al rodaje, o incluso producciones sencillas en las que la preproducción y preparación del rodaje solo duran unas cuantas semanas.

El papel del director de producción es clave en esta etapa. El éxito de la misma dependerá de la eficacia que desarrolle en las contrataciones, en la coordinación y en la organización de los elementos técnicos y humanos implicados durante todo el proceso, en la gestión de un presupuesto y un calendario de pagos que habrá de supervisar continuamente al detalle, y en la elaboración de un plan de rodaje que contemple todas las necesidades de cada secuencia del guion. Para afrontar todas estas actividades, el director de producción aplica una metodología habitual en los procesos de preproducción que se inicia con el análisis o desglose del guion, lo que permitirá extraer, en un primer nivel, toda una serie de informaciones minuciosas sobre la producción.

A continuación se presenta un cuadro en el que se identifican todos los trabajos que tienen lugar durante la preproducción y aquellos equipos responsables de activarlos. Una de las características fundamentales durante esta etapa es que el desarrollo de todos los trabajos se van a ir produciendo de forma conjunta. Obviamente, si aún no existe personal contratado, estos no pueden realizar función alguna, pero, en la medida en que progresivamente todo el equipo se va incorporando, las actividades se solapan entre sí y discurren de manera paralela en el tiempo.

Cuadro 2.2. Los trabajos de la preproducción y sus responsables

Actividad	*Responsable*
– Desglose del guion	– Director de producción. Primer ayudante de dirección – Contratación: productor ejecutivo
– Contratación de los jefes de equipo – Reuniones de trabajo entre el director y los jefes de equipo – El director transmite cuál es su idea de la película	– Director. Director de producción, director artístico (vestuario, maquillaje y peluquería). Director de fotografía. Jefe de sonido. Efectos especiales – Contratación: director de producción
– *Casting*: selección de actores y contratación – Planificación del guion – Ensayos	– Director. – Director de *casting* – Contratación: productor ejecutivo/director de producción
– Búsqueda y selección de la figuración	– Ayudante de dirección
– Contratación del *casting*	– Director de producción
– Búsqueda de localizaciones	– Jefe de localizaciones. Director de producción/director/ayudante de dirección – Asisten: director artístico, director de fotografía, jefe de sonido – Contratación: director de producción
– Contratación y alquiler de localizaciones	– Director de producción
– Realización del plan de rodaje	– Director de producción/ayudante de dirección
– Diseño de la escenografía y decorados	– Director artístico
– Construcción de decorados. Mobiliario. Atrezo. Pintura. Carpintería	– Jefe de decoración. Delineante. Ayudante. Regidor. Atrecista. Carpinteros. Pintores. Escayolistas – Contratación: director de producción.
– Realización de figurines y diseño de vestuario	– Figurinista – Contratación: director de producción

– Confección y adquisición de vestuario y complementos	– Figurinista/sastres. Ayudantes – Contratación: director de producción
– Contratación de película (negativo) – Reserva de laboratorio – Contrato del montador de la película – Reserva de salas de montaje/ posproducción – Contratación de seguros	– Director de producción
– Contratación de empresas auxiliares – Reserva de cámara, material eléctrico, efectos especiales, grúas, cámara-*car*, *steady-cam,* material de iluminación, generadores eléctricos	– Ayudantes de producción – Contratación: director de producción
– Gestión de permisos de rodaje, reserva de espacios, alquiler de vehículos en rodaje y durante el rodaje – Reservas de viajes, alojamientos, comidas, *catering*	– Ayudantes de producción
– Ensayos y lecturas de guion	– Actores. Director. Ayudante de dirección
– Selección y contratación del músico – Conversaciones con el director y preparación de la banda sonora	– Director. Músico – Contratación: director de producción
– Realización del presupuesto	– Director de producción
– Realización del calendario de pagos	– Director de producción
– Pruebas de cámara	– Director de fotografía. Segundo operador. Ayudante de cámara – Contratación: director de producción
– Localizaciones técnicas. Indicaciones y preparación de la planificación a los jefes de equipo en las localizaciones	– Director. Director de fotografía, jefe de eléctricos, director artístico, jefe de sonido. Efectos especiales
– Realización de las últimas reuniones antes del inicio del rodaje de todos los jefes de equipo	– Director de producción. Director. Ayudante de dirección. Director artístico. Director de fotografía. Jefe de eléctricos. Jefe de Sonido. Efectos especiales
– Realización de la primera orden de rodaje	– Supervisa: ayudante de dirección. Realiza: segundo ayudante de dirección

El personal técnico y artístico se incorpora de manera escalonada a la producción. La primera persona en ser contratada, al mismo tiempo o incluso antes que el director, es el director de producción. No hay que olvidar que su presencia se plantea ya en la elaboración del *package*. El responsable de su contratación, al igual que la del director, es el productor ejecutivo.

La llegada del director, incluso en las conversaciones previas a su contratación, permite dilucidar y conocer su idea y sus criterios artísticos sobre la película. Entre otras decisiones, el director junto con el productor ejecutivo habrán consensuado la contratación de los nombres del director artístico, el director de fotografía, el jefe de sonido, el músico responsable de la banda sonora y el reparto principal. El hecho de que un productor ejecutivo deposite su confianza en un determinado director, contratándolo para una producción determinada, se traduce automáticamente en la aprobación y el respaldo a la visión personal y a los criterios estéticos de este, siempre y cuando no rebase los límites de los márgenes económicos establecidos y las decisiones sean tomadas siempre de mutuo acuerdo.

A las contrataciones del director y director de producción les suceden las de sus ayudantes, quienes van a adoptar de inmediato la responsabilidad ejecutiva de la organización y gestión de los múltiples tareas que habrá que desarrollar.

Las principales funciones del director de producción en esta etapa son:

1. Contratación de todos los equipos y del personal que integra una producción cinematográfica.
2. Búsqueda, negociación económica y contratación de las localizaciones.
3. Supervisión de los trabajos de todos los equipos, control de los tiempos y de los gastos.
4. Elaboración detallada de todas las partidas del presupuesto.
5. Supervisión del calendario de pagos para afrontar la liquidez económica de la producción.
6. Contratación de las empresas auxiliares (material técnico, laboratorios, posproducción, iluminación) y de los seguros de la producción.
7. Elaboración del calendario de rodaje junto al ayudante de dirección.

El director se centrará en la planificación del guion al mismo tiempo que supervisa el trabajo de *casting* para seleccionar a todos aquellos personajes que aún están por decidir, incluida la figuración o extras de cada secuencia que así lo precise. Bajo la orientación y asesoramiento, en casi todas las ocasiones, de un director de *casting* (responsable de localizar y proponer un posible reparto para la producción), la labor del director consistirá en estudiar las propuestas y, en numerosas ocasiones, sin haber procedido aún a la firma de los contratos, el inicio de las lecturas y pruebas de guion para tomar posteriormente una decisiones definitivas. No se puede olvidar que la elección de actores y actrices es una cuestión delicada: estos son los primeros y últimos responsables de poner cara y dar vida a la historia que aparece en la pantalla. El director de producción es el responsable de negociar y ejecutar sus contratos. Esta negociación se suele realizar directamente con los agentes de los actores, responsables directos de la firma de las cláusulas de los contratos, que incluyen a su vez sus respectivos porcentajes de remuneración.

Las funciones que va a realizar el director durante la preproducción son:

1. Organizar reuniones y lecturas de guion con el equipo artístico y técnico (director de producción, director artístico, figurinista, jefes de maquillaje y peluquería, director de fotografía, jefe de sonido, responsables de los efectos especiales) en las que transmite su idea y sus planteamientos estéticos sobre la película.
2. Asistir a las localizaciones y asumir la decisión, consensuada con el productor ejecutivo o director de producción, sobre su elección definitiva.
3. Realizar las pruebas de *casting* y la selección de actores y actrices. Opcionalmente puede ser asesorado por un director de *casting.*
4. Supervisar y orientar la construcción de decorados, el diseño y la confección del vestuario, la preparación de la caracterización de los actores y el diseño de la iluminación.
5. Realizar lecturas de guion conjuntas y ensayos con los actores.
6. Preparar la planificación técnica del guion y supervisar la elaboración del plan de rodaje a través de su ayudante de dirección. Plantear las secuencias y planos que van a requerir efectos especiales o posproducción.
7. Seleccionar, de mutuo acuerdo con el productor ejecutivo, la contratación del músico, con quien se establecerá una línea de trabajo para la composición de la banda sonora.

La dimensión de los equipos técnico y artístico que acompañan al director y al director de producción en cada proyecto dependerá, a su vez, de la propia dimensión de la producción, que será la que paute, en definitiva, las necesidades en cuanto al número de personal correspondiente a cada equipo.

Toda producción exige necesariamente la implicación de un determinado número de equipos de trabajo, en cuya estructura interna se plantea una organización vertical del trabajo, desde los jefes de equipo a los ayudantes y a los auxiliares.

2.2.1. Actividades durante la preproducción: el desglose del guion

La realización del desglose de un guion implica la definición de las necesidades de cada secuencia del mismo. La división en secuencias para la producción se fundamenta en la idea de la utilización de unidades de trabajo espaciales, también llamadas secuencias mecánicas, mediante las cuales se identifica cada una con un determinado escenario, como puede ser una plaza, un garaje, una farmacia, una cocina, un embarcadero. Una vez establecidas todas las secuencias de trabajo del guion, se procede al desglose de cada una de ellas.

Un desglose consiste en la extracción de toda la información contenida en cada secuencia. Para ello se utiliza una *hoja de desglose*, un documento o modelo tipo que contiene una serie de elementos que son los que aportan toda la información necesaria para proceder posteriormente a establecer las necesidades del plan de trabajo y del presupuesto de la producción. Este tipo de actividad ha sido realizada durante años de manera manual. En la actualidad, los programas informáticos permiten trabajar directamente con programas de *software* que agilizan el trabajo de preproducción, como Movie Magic Scheduling, aplicación destinada a la realización de desgloses de guion y elaboración de planes de rodaje. Al margen de que se utilice un programa informático, el responsable de elaborar el desglose, en este caso el director de producción, deberá leer y estudiar detenidamente el guion para identificar todas sus necesidades e introducirlas posteriormente en los programas informáticos. Esta situación revela que, aunque la utilización de *software* agiliza y facilita mucho el trabajo, los primeros análisis y desgloses sobre el guion implican un primer acercamiento al trabajo de borrador. Los desgloses son el mejor sistema para afrontar un pormenorizado conocimiento del guion, que se completará, como se expondrá más adelante, con la información complementaria aportada por el director y los distintos jefes de los equipos artísticos.

En la figura 2.1 se incluye una hoja de desglose en la que se identifican todos los elementos que puede integrar una secuencia.

En una primera parte se extrae la información de lo que se puede denominar encabezamiento. Aquí se recoge el lugar de rodaje (la localización y el decorado), el número de secuencia, el número de páginas en el guion que ocupa esa secuencia, una breve descripción de la acción de la secuencia, si se trata de un rodaje en exterior o interior y si es un efecto día/noche, así como si existen previos. Estos últimos son importantes, porque concretan si para el rodaje de esa secuencia determinada es necesario tener preparado material gráfico o audiovisual previo.

En un segundo apartado aparecerán dispuestos los elementos que integran el desglose de la secuencia: reparto (personajes que intervienen en la secuencia, principales, secundarios, especiales, figuración), donde a veces se distingue figuración especial (personas que aparecen en la secuencia y tienen una frase de diálogo), relación de decoración, atrezo y vestuario, elementos de maquillaje y peluquería, vehículos, efectos especiales, semovientes (animales) y vehículos, equipamiento especial de iluminación y maquinaria (utilización de *travelling* para la secuencia, *steady-cam*, efectos especiales, armas, notas de producción (cualquier necesidad que derive de la secuencia, como mojar el suelo, cortar el tráfico, apuntalar techos), notas de dirección y notas y necesidades de cámara y sonido.

HOJA DESGLOSE

Decorado **Localización**

Acción

Sec. **Int. / Ext.** **D-N** **Págs.** **Previos**

Principales **Secundarios** **Especiales** **Fig.**

Decoración

Atrezo

Vestuario **Maq.-Pel.**

Ilum.-Maquin. **Vehículos**

Ef. Especiales **Armas**

Cám.-Sonido **Dirección** **Producción**

Figura 2.1. Hoja de desglose de un guion. *Fuente:* Fernando Victoria de Lecea.

La información extraída del guion no es suficiente para concretar todas las necesidades que emanan del mismo. Para profundizar en el exhaustivo conocimiento de un guion y poder alcanzar con rigor los objetivos marcados, el establecimiento de un plan de rodaje y la elaboración de un presupuesto, resulta necesario realizar lo que Jacoste denomina "tercer grado del director":

> Solo el director, responsable último de la puesta en escena y de la visión general de la película, podrá aportar al director de producción toda la información sobre las necesidades que él considere oportunas a cada secuencia. Con esa información complementaria, aplicada a la que ha extraído del desglose del guion y de su propia experiencia de rodaje, el director de producción podrá alcanzar ese objetivo intermedio de medir el tiempo de realización de cada escena (Jacoste, 1996:131).

2.2.2. Actividades durante la preproducción: las localizaciones

Una de las primeras tareas que inician el director de producción y el director es la búsqueda y selección de las localizaciones para el rodaje. A partir de los criterios establecidos sobre el guion, del marco económico de la producción y de las ideas planteadas por el director, se inician una serie de trabajos que culminan con la contratación de los espacios en los que se habrá de llevar a cabo el rodaje de la película.

Una vez definidas las necesidades, bien el jefe de localizaciones, bien el mismo director de producción, inician la búsqueda de las localizaciones. Un jefe de localizaciones es una figura que, a partir de los criterios del director, tiene la función de realizar toda una serie de gestiones y un trabajo de investigación con el fin de presentar múltiples opciones posibles para la elección de una localización determinada. Este mismo trabajo puede ser asumido también por el director de producción. En determinadas producciones y ante la dimensión de la localización, el mismo productor ejecutivo puede llegar a participar en estas localizaciones principales o protagonistas. El objetivo es conseguir la suficiente documentación gráfica (fotografías y grabaciones audiovisuales) e información sobre las diferentes localizaciones para analizar y decidir finalmente si la opción se adecua a las necesidades de la dirección y de la producción (Las opciones son múltiples y variadas: desde la localización de un palacio o una casa de pueblo, hasta una plataforma petrolífera...).

Las fichas de localización son un documento que elabora la persona que realiza la localización y en ellas se refleja todo tipo de información sobre la misma. Además de recoger datos sobre la titularidad de la propiedad y las condiciones del posible alquiler, la información que recoge una ficha de localización debe servir de referencia para el trabajo de todos los equipos técnicos implicados.

HOJA DE LOCALIZACIONES

Decorado

Int. / Ext.

Ama. / Ata.

Sec.

Fecha prevista

Día / Noche

Nº Pag.

Localización / Accesos

Permisos

Días y horas favorables

Circulación / Aparcamiento

Cámara

Sonido

Iluminación / Enganche

Maq. / Pel. / Vest.

Comida

Potencia

Kw.

Grupo

Plano

Orientación

Sol

Mareas

Figura 2.2. Ficha de localización. *Fuente:* Fernando Victoria de Lecea.

TÍTULO

Ficha Contrato Localización

DECORADO **CASA POVEDA**

LOCALIZACIÓN CASA PILATOS

PROPIETARIO

NOMBRE:
DIRECCIÓN:
CP: *CIUDAD:*
TELÉFONO: *MÓVIL:*
FAX: *E-MAIL:*
D.N.I./C.I.F.:

CONTACTO

NOMBRE:
DIRECCIÓN:
CP: *CIUDAD:*
TELÉFONO: *MÓVIL:*
FAX: *E-MAIL:*
D.N.I./C.I.F.:

CONTRATO

DURACIÓN:
PRECIO:

	Horario	*Fecha Prev.*	*Nº Días*	*Precio*	*Total*
Preparación		7-11/5/2008			
Rodaje		12-21/5/2008			
Desmontaje		22 mayo 2008			

TOTAL **0,00 €**

FORMA DE PAGO:

		Base	*I.R.P.F. 18%*	*I.V.A. 16%*	*TOTAL*
Lunes 21/04/08	20% Firma Contrato				
Miércoles 7/05/08	30% Inicio Preparación				
Lunes 12/05/08	30% Inicio Rodaje				
Jueves 22/05/08	20% Fin Rodaje				

Total

OTROS PAGOS: PREVISIONES:
Guardas Finca IVA no incluido
Seguridad Privada

TOTAL: IVA no incluido

OBSERVACIONES

Pago mediante transferencia bancaria

Director Producción

Figura 2.3. Ficha de contrato de localización. *Fuente:* Fernando Victoria de Lecea.

En la ficha se reflejará toda la información sobre las dimensiones de la localización, su accesibilidad, la posibilidad de modificarla, la disponibilidad de espacios complementarios al rodaje (camerinos, zonas de vestuario y maquillaje, zonas para comer), el aislamiento sonoro (si las secuencias para rodar implican sonido directo, habrá que valorar si el ruido exterior entorpece o no la grabación), las condiciones de habitabilidad en torno a la localización (la existencia de alojamientos cercanos para los equipos). Si la valoración de una posible localización es positiva para el director y asumible para los jefes técnicos (condiciones óptimas de iluminación, de construcción de decorados y de registro de sonido directo), el siguiente paso implica el trabajo activo del director de producción, quien deberá negociar las condiciones económicas de contratación de cada localización.

Los decorados naturales exteriores o interiores van a estar siempre expuestos a múltiples condicionantes, meteorológicos, humanos o técnicos. A pesar de la espectacularidad o del realismo que aportan algunas localizaciones, el esfuerzo ímprobo que requiere sintonizar las necesidades de un rodaje con la cotidianidad diaria que rodea a las futuras localizaciones hace que, siempre que sea posible, los productores y la dirección se decanten por la construcción de decorados en plató. Esta decisión facilita la logística del trabajo y agiliza los tiempos de rodaje.

El hecho de que a los platós no les afecten las inclemencias meteorológicas, condicionamientos externos como el tráfico, la accesibilidad, la disponibilidad de aparcamiento o la ausencia de ruidos, y la posibilidad de contar con una logística interna eficaz, convierten a estos espacios en las localizaciones idóneas desde el punto de vista práctico.

Una posibilidad alternativa en la búsqueda de localizaciones consiste en trabajar con una Film Commission, una oficina pública cuyo objetivo consiste en atraer producciones a una localidad determinada con el fin de reorientar una serie de recursos humanos, naturales y logísticos con los que cuenta para que reviertan en la economía de la región. Las Film Commissions facilitan a las productoras la accesibilidad a múltiples recursos. Asumiendo una actividad puente entre la producción y los recursos de la región, sus gestiones permiten encontrar las localizaciones idóneas para las necesidades del guion, la gestión y unificación de todos los permisos (de contratación de localizaciones, de rodaje, de aparcamiento, de cortes de tráfico), la contratación de determinados servicios como los alojamientos y restauración, el alquiler de vehículos, la conexión con determinados servicios de producción para localizar personal y material técnico. Al mismo tiempo, la existencia de una Film Commission permite resolver problemas que surjan durante la preproducción o el rodaje con mayor eficacia y muchas veces beneficiarse de ventajas e incentivos fiscales, desgravación de impuestos o de servicios gratuitos, como supone rodajes en lugares públicos, peajes o *parkings*.

2.2.3. Actividades durante la preproducción: el plan de rodaje

Un plan de rodaje es un calendario en el que se reflejan los tiempos de duración de la realización (impresión fotográfica) de cada secuencia del guion y, en definitiva, de todo el guion. Atendiendo a las necesidades de cada secuencia, el director de producción, responsable de la elaboración del plan de rodaje junto con el ayudante de dirección, deberá tener en cuenta una serie de consideraciones, algunas de ellas obtenidas en el transcurso de su propia experiencia.

Cuanto más extenso sea un plan de rodaje, cuantos más días, semanas o meses implique, mayor será su coste económico y, en consecuencia, la dimensión del presupuesto. La organización de un rodaje debe ser lo más realista posible. Escatimar en tiempos de rodaje, o no considerar determinados factores que lo ralenticen, puede abocar a la prolongación de un plan de rodaje, lo que redundaría de inmediato en la desestabilización del presupuesto.

El director de producción utiliza diversas fuentes de información para afrontar la construcción del calendario de rodaje:

1. Los desgloses del guion.
2. La información aportada por el director, tanto en lo relativo a los elementos de puesta en escena de cada secuencia como a la planificación de las mismas. La estrecha colaboración con el ayudante de dirección en la elaboración de un plan de rodaje es fundamental, porque este es el responsable de transmitir las necesidades técnicas (condiciones de iluminación, utilización de maquinaria como el *travelling*, la *steady-cam*, el cámara-*car* o las grúas) y de planificación (número y duración de los planos, complejidad dramática de los mismos, necesidad de ensayos previos, dificultad de planificación de algunos movimientos de cámara), que exige el concepto del director.
3. Los responsables de los equipos artísticos, director artístico, director de fotografía, figurinista, jefe de maquillaje y peluquería, así como responsables de los efectos especiales, apuntan sus necesidades en cuanto a los tiempos requeridos en la construcción y montaje de algunos decorados, en el montaje de la iluminación, en la complejidad que implica la preparación en algunos personajes y el proceso de maquillaje y peluquería.

La experiencia previa del director de producción en la elaboración de un plan de rodaje implica el conocimiento y la consideración de determinadas variables o premisas importantes para su confección, siempre y cuando la lógica de la producción lo permita. Esto significa que no todas las variables son eficaces y útiles para todas las producciones. Si se decide plantear un rodaje respetando la continuidad del guion, para dar prioridad al desarrollo dramático de la historia y a la evolución del trabajo de los intérpretes, las variables de agrupación de localizaciones y ruptura cronológica del guion no constituirán un criterio prioritario. La formulación de los criterios que se tendrán en cuenta en el diseño de un plan de rodaje que busque la máxima eficacia en relación con las jornadas de trabajo y al rodaje de planos que se acomete en cada una son los siguientes:

1. Planificar y organizar el rodaje por agrupación de localizaciones o decorados. Esto consiste en agrupar todas las secuencias relativas a la misma localización para rodar en ese espacio en continuidad. Un ejemplo muy claro se encuentra en el planteamiento de rodaje de *Los otros,* de Alejandro Amenábar. Las secuencias correspondientes a la localización del caserón se ruedan en continuidad en el palacio de Hornillos, en Santander. Posteriormente el equipo se traslada a Madrid para continuar con el rodaje en un plató donde se han construido todos los decorados correspondientes al interior de la casa.
2. Facilitar la intervención de los actores agrupando sus sesiones de trabajo. Esto aligera la partida económica destinada a viajes y alojamientos, evitando que los actores principales se desplacen numerosas veces y, de manera fundamental, ayuda a reducir, siempre dentro de lo posible, la duración de sus contratos, lo que se traduce automáticamente en una reducción del salario. No hay que olvidar que las partidas más cuantiosas del presupuesto se corresponden con la contratación de *casting* principal.
3. Siempre que sea posible, planificar primero los exteriores, preferiblemente los nocturnos. Trabajar en exteriores implica una doble complejidad: además de estar expuestos a la variabilidad de las condiciones climatológicas, los movimientos de un equipo de varias decenas de personas se ralentizan e implican un mayor esfuerzo (hay que trasladar, montar y desmontar el material técnico, establecer camerinos, cortar el tráfico y el acceso peatonal en la zona en la que se trabaja). El trabajo en exteriores implica siempre la preparación de otra localización alternativa (un *cover-set*) que posibilite variar el lugar de rodaje si surge cualquier complicación o imprevisto que impida realizar el trabajo en la localización prevista *a priori.* Para muchos directores y directores de producción su máxima prioridad, cuando se prepara un plan de rodaje, consiste en ubicar, siempre que sea posible, todo el trabajo de rodaje o grabación en el interior de un plató. La construcción de decorados en un complejo plató facilita múltiples tareas en la etapa de rodaje, desde cuestiones técnicas relacionadas con la iluminación y los movimientos de cámara, hasta cuestiones logísticas relacionadas con aparcamientos, espacios para comidas, camerinos, salas de maquillaje, peluquería y vestuario, almacenes de material, facilidades de accesibilidad y despachos de producción. En definitiva, toda una serie de ventajas que agilizan el trabajo y repercuten en la eficacia de las jornadas laborales.
4. Las secuencias que implican escenas de acción ralentizan siempre el trabajo. Persecuciones de tráfico, explosiones, utilización de vehículos, barcos, helicópteros, etc., conllevan un gran despliegue técnico y de personal. Suele ser habitual contar con segundas unidades de trabajo en este tipo de situa-

ciones, lo que se traduce en un aumento del número de cámaras, de personal y un notable despliegue técnico.

5. El trabajo con niños y con animales supone un ritmo de trabajo más lento de lo habitual. Tanto para unos como para otros, es fundamental contar con una persona que se responsabilice constantemente de su presencia y su trabajo en el set de rodaje.
6. Las condiciones climatológicas suponen un elemento impredecible. Por ello, en zonas donde la climatología suele ser habitualmente abrupta, es necesario chequear constantemente las noticias meteorológicas y tener preparados *cover-sets* (decorados alternativos). Tener siempre muy presente en cada localización las horas de luz correspondientes a cada época del año.
7. Las secuencias dramáticamente complejas, que requieren mucha concentración por parte del equipo interpretativo y numerosos ensayos antes de su filmación, deben ser consideradas de riesgo en relación con la dimensión temporal de su grabación.
8. Los tiempos de desplazamiento entre decorados y la distancia de traslado del equipo de una zona geográfica del rodaje a otra (de la costa al interior, de un país a otro, de una ciudad a otra) implican una organización del plan de rodaje que minimice estos tiempos (aprovechar fines de semana, vacaciones).

Con la información que aportan todos estos elementos, el director de producción junto con el ayudante de dirección realizan el calendario de rodaje, conocido como plan de rodaje.

En la figura 2.4 se presenta un modelo de plan de rodaje. Su diseño en un programa Excel facilita la concreción de la información a través de múltiples casillas donde se especifican las necesidades para todos los días del rodaje en un único documento. En la actualidad también se utilizan los documentos que genera Movie Magic Scheduling. En un segundo nivel, durante toda la fase de rodaje, desde el primer día, el plan de rodaje será reconfirmado o bien modificado a través de la convocatoria diaria que, tras finalizar cada jornada de trabajo, recibirá todo el equipo para concretar su trabajo del día siguiente: la orden de rodaje. Documento que también se presenta a continuación del cuadro del plan de rodaje.

2.2.4. Actividades durante la preproducción: el presupuesto de la producción

A partir de un planteamiento económico inicial para la producción (definido en el *package* como el presupuesto de la producción) y una vez cubierta la financiación, una de las funciones principales del director de producción va a consistir en ajustar el coste de la producción definiendo con detalle y precisión las diferentes partidas correspondientes a cada capítulo del presupuesto. Desde que se inicia la prepro-

PLAN DE TRABAJO # 01
10/12/2007

Director:

TÍTULO

MES	SEMANA	JORNADA	DÍA	FECHA	HORARIO	INT/EXT	DÍA/NOCHE	DECORADO	LOCALIZACIÓN	SECUENCIAS	PERSONAJES – PROTAGONISTAS 1	2	3	4	SECUNDARIOS 5	6	7	8	9	10	11	12	13	14	15	16	17	18	19	20	21	22	23	24	25	PEQ. PARTES	FIG. H	M	N	ATREZO	VEHÍCULOS	VARIOS
	1	1	LU								1																															
		2	MA								1	2	3	4	5																											
		3	MI								1	2	3	4				8																								
		4	JU												5	6	7																									
		5	VI								1						7		9	10																						
		6	SA																																							
								FIN 1ª SEMANA																																		
	2	7	LU										3		5	6					11	12																				
		8	MA								1	2	3	4	5	6		8			11		13	14	15																	
		9	MI								1		3	4	5											16	17	18														
		10	JU								1	2																18														
		11	VI								1	2	3	4																												
		12	SA								1			4																												
								FIN 2ª SEMANA																																		
	3	13	LU								1																															
		14	MA								1	2																	19													
		15	MI								1	2	3	4																												
		16	JU								1																															
		17	VI								1																															
		18	SA																																							
								FIN 3ª SEMANA																																		
	4	19	LU								1			4																												
		20	MA								1		3																													
		21	MI								1	2	3																													
		22	JU								1	2																														
		23	VI								1	2	3	4																												
		24	SA																																							
								FIN 4ª SEMANA																																		
	5	25	LU								1	2	3	4																												
		26	MA								1	2	3	4														18														
		27	ME								1	2	3	4																												
		28	JE								1	2	3	4														18		20												
		29	VE									2	3	4		6												18		20	21											
		30	SA																																							
								FIN 5ª SEMANA																																		
	6	31	LU								1	2	3	4	5	6			9	10			13	14	15	16	17	18				22	23	24								
		32	MA								1	2	3	4	5	6			9	10			13	14	15	16	17	18				22	23	24								
		33	ME								1	2	3	4																		22	23									
		34	JE																																							
		35	VE																																							
		36	SA																																							
								FIN 6ª SEMANA		Sesiones	26	18	18	17	7	6	2	2	3	3	2	1	3	3	3	3	3	7	1	2	1	3	3	2	0		0	0	0			
											1	**2**	**3**	**4**	**5**	**6**	**7**	**8**	**9**	**10**	**11**	**12**	**13**	**14**	**15**	**16**	**17**	**18**	**19**	**20**	**21**	**22**	**23**	**24**	**25**		0					

Figura 2.4. Plan de rodaje/Calendario de rodaje.
Fuente: Fernando Victoria de Lecea.

ducción, el director de producción negociará con todos los equipos, además de las partidas asignadas a los sueldos de los contratos del personal técnico y artístico, las cantidades económicas previstas para cada partida.

Productora

DÍA 01

Lunes, 03 Enero 2008

Director:

Teléfonos portátiles Producción:
Teléfonos portátiles Dirección:

Jornada:

LOCALIZACIÓN: XXXXX c/ Noviciado, 5 Noviciado
CAMPAMENTO: c/ del Acuerdo y c/ Norte
METEOROLOGÍA: Nubes y Claros. Máx.: 16° Mín.: 9°
MAQUILLAJE / CATERING: c/ Noviciado esquina c/ San Bernardo
AMANECE: 07h05 **SALE EL SOL:** 07h25 **SE PONE EL SOL:** 21h01 **ANOCHECE:** 21h21

SEC.	DECORADO/ SINOPSIS	EFECTO	PERSONAJES	PG.	LOC.
59	DECORADO 1 Acción	INT/DÍA	2, 11, 13, 15, 16	2	Planta 2
14	DECORADO 1 Acción	INT/DÍA	2,11,12,15,16,28	1+4/8	Planta 2
31	DECORADO 2 Acción	INT/DÍA	2, 22, 27	1	Planta 1

Nº	PERSONAJE	ARTISTA	RECOGIDA	MAQ./PEL./VEST.	ENSAYO	LISTOS
			07.45	08.00		08.45
			S/M	08.00		08.45
			S/M	10.00		11.00
			S/M	08.00		08.45
			S/M	08.00		08.45
			S/M	08.00		08.45
			S/M	12.00 para réplica		---
			S/M	12.00		C.S.R
			09.30	10.00		11.00

FIGURACIÓN	TOTAL	LLEGADA	LISTOS
Normal: 10 trabajadores/voluntarios. **Especial:** 5 inmigrantes	15	08.00	08.45

DEPARTAMENTOS	HORA	REQUERIMIENTOS
Decoración y Atrezzo: **Cámara:** **Eléctricos:** **Maquinistas:** **Sonido:**		
Efectos Especiales: **Efectos Digitales:**		
Maquillaje-Peluquería:		
Vestuario:		
Dirección:		
Producción:		
Catering:		

AVANCE MARTES 04/01/08

18	DECORADO 5 Acción	INT/NOCHE	1, 5	1+6/8
71 A	DECORADO 5 Acción	INT/DÍA	1, 5	2+2/8

Figura 2.5. Orden de rodaje/Orden de trabajo diaria. *Fuente:* Fernando Victoria de Lecea.

Una vez realizados los desgloses del guion y establecido un plan general de trabajo que implica las etapas de preproducción, rodaje, montaje y posproducción, donde se detallan todos los elementos a intervenir durante todo el proceso, el director de producción se encarga de analizar los costes específicos del proyecto. Algunos autores identifican un presupuesto preventivo, un presupuesto consuntivo y un presupuesto definitivo. En realidad, lo que se establece es un primer borrador de presupuesto que, en la medida en que se concretan las necesidades de las distintas partidas de la producción, irá alcanzando un criterio más definitivo.

En una fase inicial del proyecto se identifican los costes fijos y los costes variables. Este tipo de datos son realmente útiles para realizar un cálculo aproximado del coste de la producción en los inicios de la misma. Los costes fijos son aquellos que van a permanecer inalterables al margen de la duración del rodaje (el coste del guion, la remuneración del director y del director de producción, la construcción de los decorados, el músico, el vestuario, los seguros, la película virgen, el laboratorio) y los costes variables son aquellos sobre los que va a incidir la duración del tiempo de rodaje (alquiler de platós y localizaciones, material técnico durante el rodaje, personal técnico, gastos de transporte, viajes y alojamientos). De ahí la insistencia en que cualquier alteración en el plan de rodaje afectará directamente al presupuesto.

El modelo de presupuesto habitual en la producción cinematográfica en España es el propuesto en el "Modelo oficial de presupuesto de coste película" por el Ministerio de Cultura, disponible en su página web. El presupuesto se divide en doce capítulos, que recogen de manera exhaustiva los diferentes conceptos de gasto que se computan en una producción cinematográfica. En la definición del proyecto debe aparecer el título, el formato, si es color o blanco y negro, la empresa productora, el director y los países coproductores. En el siguiente cuadro se detallan los doce capítulos:

Cuadro 2.3. Partidas del presupuesto de una producción cinematográfica

Capítulo 1	Guion y música
Capítulo 2	Personal artístico
Capítulo 3	Equipo técnico
Capítulo 4	Escenografía
Capítulo 5	Estudios de rodaje/sonido y varios producción
Capítulo 6	Maquinaria de rodaje y transportes
Capítulo 7	Viajes, hoteles y comidas
Capítulo 8	Película virgen
Capítulo 9	Laboratorio

Capítulo 10	Seguros e impuestos
Capítulo 11	Gastos generales
Capítulo 12	Gastos de explotación, comercio y financiación

Fuente: Elaboración propia a partir del Modelo Oficial de Presupuesto del ICAA.

Durante toda la producción y de manera fundamental durante la etapa de rodaje, el director de producción deberá recibir de su secretario de producción o de su contable un documento semanal que precise y acredite todos los gastos acumulados. Esta situación va a permitir reconducir a tiempo cualquier desvío que se produzca en el presupuesto a consecuencia del incumplimiento del plan de rodaje o de cualquier otro problema que esté afectando al presupuesto.

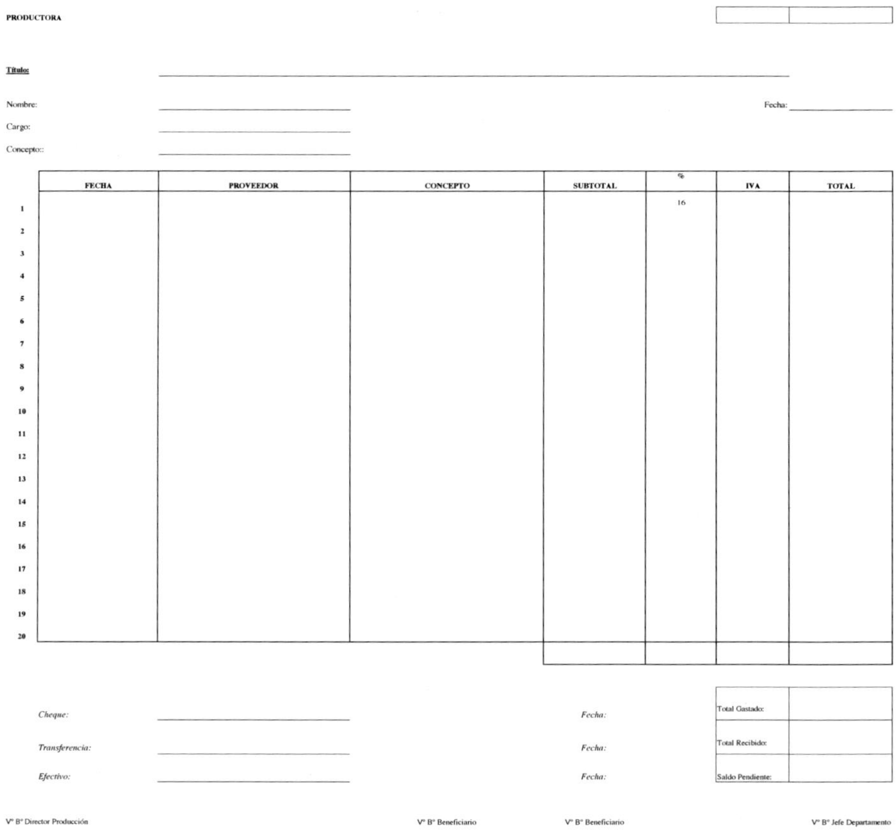

PRODUCTORA

Título:

Nombre: Fecha:

Cargo:

Concepto::

	FECHA	PROVEEDOR	CONCEPTO	SUBTOTAL	%	IVA	TOTAL
1					16		
2							
3							
4							
5							
6							
7							
8							
9							
10							
11							
12							
13							
14							
15							
16							
17							
18							
19							
20							

Cheque: *Fecha:* Total Gastado:

Transferencia: *Fecha:* Total Recibido:

Efectivo: *Fecha:* Saldo Pendiente:

Vº Bº Director Producción Vº Bº Beneficiario Vº Bº Beneficiario Vº Bº Jefe Departamento

Figura 2.6. Justificación de gastos.
Fuente: Fernando Victoria de Lecea.

El calendario de pagos es otro documento imprescindible para el director de producción. En este se indican las fechas en las que se deben afrontar todos los pagos de la producción en cada una de las etapas de la misma.

2.3. Fase de rodaje

El inicio de esta etapa de rodaje se identifica para algunos autores con el momento en "donde comienza el auténtico proceso de producción" (Jacoste, 1996:123). El objetivo principal de esta etapa consiste en rodar todas las secuencias contenidas en el guion, a través de una planificación previamente organizada en el plan de rodaje, que tendrá una duración proporcional (en semanas y meses) a la dimensión de la película que se aborde. Cuanto mayor sea el número de localizaciones, la complejidad dramática y de planificación del guion, o la cantidad de personal técnico y artístico implicado, más elevadas serán el número de semanas o meses necesarios para la impresión fotográfica de la producción.

Si durante la preproducción del proyecto el absoluto protagonista era el director de producción, asumiendo la responsabilidad directa de coordinar los trabajos de todos los equipos, así como de supervisar el desarrollo de los trabajos técnicos, logísticos y creativos, durante esta etapa de rodaje el director toma el relevo y se convierte en la figura de referencia fundamental para todos los miembros de los equipos implicados en esta nueva etapa.

Una vez la preproducción ha transcurrido con normalidad concluyéndose todos los trabajos previstos, y cerrado el calendario de rodaje en el que se plasman todas las necesidades para cada día del rodaje, todos los equipos técnicos y artísticos están preparados para iniciar y concluir un trabajo que alcanza su materialización en esta etapa de cohesión colectiva.

Una relación de los trabajos previos realizados por cada equipo clarifica cuál es el punto de partida en el plan de rodaje.

Cuadro 2.4. Tareas realizadas en el inicio del rodaje

Equipo	*Tareas realizadas*
Equipo de producción	– Contratación de todos los equipos humanos – Contratación de todo el material técnico – Cierre de todas las localizaciones y permisos – Contratación de transportes, viajes y alojamientos – Control del presupuesto – Elaboración del plan de rodaje – Elaboración de calendario de pagos – Coordinación de todos los trabajos colectivos

Equipo de dirección	– Transmisión de la idea del director – Cierre del reparto y la figuración y dobles de luces – Localizaciones técnicas – Planificación del guion – Elaboración del plan de rodaje – Ensayos con los actores – Orden de convocatoria/primera orden de rodaje
Equipo de dirección artística	– Cierre de la construcción y preparación de casi todas las localizaciones – Localizaciones técnicas – Cierre de la compra, alquiler y confección del vestuario y accesorios de todos los actores y figuración – Pruebas de maquillaje y peluquería
Equipo de fotografía	– Planificación técnica con el director – Pruebas de cámara – Localizaciones técnicas – Cierre de todas las necesidades de cámara (objetivos, equipamiento técnico, material de iluminación)
Equipo de sonido	– Planificación técnica con el director – Localizaciones técnicas – Cierre de todas las necesidades de material técnico
Efectos especiales	– Planificación técnica con el director – Localizaciones técnicas – Cierre de todas las necesidades de material y especialistas
Equipo de actores	– Pruebas de caracterización y vestuario – Lecturas de guion y ensayos realizados – Contratos cerrados

2.3.1. Tareas durante el rodaje y responsabilidad de los equipos técnicos y artísticos

En el desarrollo de cualquier rodaje cinematográfico existe una máxima ineludible, y consiste en que toda tarea relacionada con la preparación que no se haya llevado a cabo durante la fase de preproducción tendrá difícil o nula resolución durante la fase de rodaje. Cuando ya todos los equipos se encuentran inmersos en esta etapa, es difícil y resulta muy complicado reconducir decisiones o alcanzar la consecución de nuevos criterios creativos y, en consecuencia, aspectos económicos no previstos en el presupuesto. Desde el minuto uno de un rodaje, el equipo cuenta con una serie de actividades asignadas previamente que le mantendrán absolutamente ocupado y concentrado en su trabajo. No debe entenderse esto como que el

PARTE DE PRODUCCION

	1ª UNIDAD	2ª UNIDAD	ENSAYOS	PRUEBAS	DIAS DE VIAJE	CAMBIO NOCHE/DIA	REPETICION SEC.AÑADID	TOTAL	PLAN DE TRABAJO
DIAS PREVISTOS	47								47
DIAS ACTUALES									

TITULO ______ **PRODUCTORA:** ______ **FECHA:** **Lunes**

PRODUCTOR ______ **DIRECTOR:** ______ **ORDEN Nº:** **1**

FECHA INICIO ______ **FECHA FIN RODAJE:** ______ **FECHA FIN RODAJE PREVISTO:** ______

DECORADO ______ **LOCALIZACION:** ______

CITACION EQUIPO **19:00** **04:30** **TOTAL HORAS:** 10:30 1ª TOMA: 22:10 COMIDA: ______ HASTA: ______

CORTE RODAJE **05:30** ULTIMA TOMA: 05:20 CENA: 21:15 HASTA: 21:45

SECUENCIAS Y PAGINAS DE GUION			**MINUTOS**		**PLANOS**		**SEC. AÑADIDAS**		**REPETICIONES**		
										PAGINAS	SEC.
	SECS.	**PÁGS.**	ANTERIOR		ANTERIOR		ANTERIOR		ANULADAS ANTERIOR		
GUION			HOY		HOY		HOY		HOY		
ANTERIOR			**TOTAL**	**00:00:00**	**TOTAL**	**0**	TOTAL		TOTAL		
HOY			**SECUENCIA NUMERO:**		PREVISTAS:						
TOTAL	**0**	**0**			RODADAS:						
POR RODAR	0	0	SECUENCIAS ANULADAS:								
			REPETICIONES:				TOMA DE SONIDO				

CONSUMO DE NEGATIVO					**SONIDO**
	RODADO	POSITIVADO	TOMAS MALAS	COLAS	DAT
ANTERIOR	0	0			
HOY	0				
TOTAL	**0**	**0**			

RESUMEN GASTO NEGATIVO	**500T**	**250D**			**TOTAL**
RECIBIDO	0	0			0
CONSUMO ANTERIOR	0	0			0
CONSUMO HOY		0			0
TOTAL CONSUMO	**0**	0	0	0	**0**
EXISTENCIAS	0	0	0	0	0

ACTORES PROTAGONISTAS Trabajó:T Empezó:E	Viajó:V Prevenido:P	Ensayo:EN Terminó: F Pruebas:PR	T E V P PB EN F	**TIEMPO TRABAJADO** MAQUILL/ VESTUAR.	CITADO EN RODAJE	TERMINO RODAJE	**COMIDAS** DE	HASTA	**TIEMPO DE VIAJE** LLEGADA A LOCAL	SALIDA DE LOCAL	LLEGADA A CASA
ACTOR		**PERSONAJE**									
				20:15	20:15	04:20	21:15	21:45	20:15	05:40	
				22:10	22:30	05:30	21:15	21:45	22:25	05:40	
				04:00	03:00	05:30			02:55	05:40	

FIGURACION							
	NUMERO	TARIFA	CITACION	EN DECORADO	FINALIZACION	HORAS	TOTAL
MUJERES / HOMBRES							
NIÑAS / NIÑOS							
ESPECIAL							
COORDINADOR							
CABALLOS							
VEHÍCULOS							
TOTAL							

JEFE DE PRODUCCIÓN 1ER.AYTE.DIRECCION

Figura 2.7. Parte de producción. *Fuente:* Fernando Victoria de Lecea.

personal implicado en una producción realiza un trabajo rápido y precipitado, sino más bien como que todo el personal técnico y artístico implicado en el proyecto defiende una rigurosa concepción de su trabajo creativo, lo que le sitúa en una concentración máxima de sus funciones y en una planificación exhaustiva de todas las tareas previstas. Y por supuesto, todo esto acotado a un tiempo limitado (el que marca el calendario de rodaje) en el que hay que integrar y articular trabajos de distinta naturaleza artística, técnica y económica. De ahí que la introducción de nuevas variables no previstas en los trabajos de cualquiera de los equipos suponga cuanto menos una temeridad y la posibilidad de meterse en problemas que acaben afectando no solo al calendario de rodaje, sino también al presupuesto. De ahí que la máxima "todo en la preproducción" cobre sentido absoluto en este momento del proceso.

Uno de los hechos más relevantes, una vez que arranca el rodaje en una producción, es el férreo control que el equipo de producción y, en concreto, el director de producción va a realizar sobre el mismo durante las dos primeras semanas de rodaje. A través de la información reflejada en los partes de producción y a través del seguimiento del cumplimiento del plan de rodaje, el director de producción constatará si se están respetando los tiempos establecidos de rodaje, las secuencias previstas, la cantidad de material rodado y lo que, en definitiva, supone la supervivencia y el buen fin del trabajo, el cumplimiento del presupuesto. Un estricto marcaje al conjunto del rodaje durante estos primeros días supone la posibilidad de detectar a tiempo aquellas situaciones anómalas o confusas que están descabalando el plan de rodaje y, en consecuencia, la previsión de fondos de la producción, lo que va a permitir reconducir aquello que está mal planificado o que no está funcionando bien.

A continuación y con el fin de clarificar las actividades principales que tienen lugar en la fase de rodaje, se ha elaborado un cuadro en el que se concretan las principales actividades y los responsables de su desarrollo.

Cuadro 2.5. Las funciones y sus responsables durante el rodaje

Actividades	*Responsable*
Preparación del set de rodaje (últimos retoques a la escenografía, ubicación de la cámara, preparación de la iluminación, ubicación del registro de sonido, montaje del *travelling*)	– Director de producción – Ayudante de producción – Equipo de dirección artística – Jefe de eléctricos y su equipo – Equipo de dirección de fotografía – Jefe de sonido y ayudante
Preparación de actores para el rodaje	– Actores – Equipo de vestuario – Equipo de maquillaje – Peluquería

Elaboración de órdenes de rodaje y de transportes	– Supervisa: ayudante de dirección – Realiza: segundo ayudante de dirección – Distribuye: segundo de dirección/auxiliar de dirección/ayudante de producción
Rodaje en el set	– Director/ayudante de dirección/*script* – Actores – Maquillador – Director de fotografía/segundo operador/foquista/ayudante de cámara – Jefe de eléctricos/eléctricos – Jefe de sonido/ayudante
Elaboración de partes de cámara y elaboración de partes de producción	– *Script*/ayudante de cámara – *Script*/ayudante de producción
Control de las partidas presupuestarias y realización de informes económicos semanales	– Secretario de producción/contable

2.4. Fase final de montaje y posproducción

Una vez finalizada la fase de rodaje, comienza el proceso de montaje y posproducción. Durante todo el rodaje, la película impresionada se ha ido enviando progresivamente al laboratorio, donde las imágenes han sido reveladas y positivadas algunas secuencias (copiones que se envían al rodaje para su visionado y chequeo por el productor, director y distintos jefes de equipo, y que permiten contrastar el trabajo realizado). Al mismo tiempo, el material revelado se telecina y digitaliza y es enviado al montador de la película, quien lo recibe junto a los partes de cámara que le permiten ir ordenando los planos y las secuencias. Días después de la finalización del rodaje, el director se incorpora a este último proceso junto al montador de la película, de donde saldrá el montaje final de imagen y sonido.

A diferencia de antaño, donde montador y director trabajaban sobre moviola, en la actualidad, en el ámbito de la parte puramente técnica, el avance tecnológico digital, tanto de imagen como de sonido, permite múltiples posibilidades que ofrecen los nuevos programas, además del abaratamiento de los costes o la reducción de los tiempos de trabajo.

Desde una fase muy previa del montaje de la imagen, el director puede además comenzar a ver efectos digitales y pruebas de títulos de crédito.

Una vez que el director concluye el montaje definitivo de la película, el montador enviará una EDL *(edit decission list),* un listado con todos los planos finales y sus TC *(time code,* códigos de tiempo) al laboratorio, para que procedan al corte y posterior empalme del negativo original.

Otra de las novedades que ha introducido la tecnología afecta al etalonado, proceso mediante el cual el director de fotografía incide sobre las cualidades cromáticas y lumínicas de la película, aportando unos criterios homogéneos entre los distintos planos de la película. Anteriormente, el director transmitía al director de fotografía su visión de conjunto de las características lumínicas y cromáticas de la película y el director de fotografía etalonaba aproximadamente en una semana. Actualmente, el etalonaje se realiza digitalmente sobre un monitor; el director asiste al proceso con el director de fotografía y trabajan plano a plano el etalonado.

2.4.1. Equipo humano en posproducción

Una de las figuras clave en estos nuevos procesos es la del director de posproducción. Pertenece al equipo de producción y entre sus principales responsabilidades se encuentra la de conocer y seleccionar todos los recursos técnicos, humanos y actividades que integran esta etapa. Identificado como aquella persona responsable de asumir la organización completa de la posproducción, su primera y prioritaria labor será la de realizar un plan de trabajo y supervisar su coordinación y cumplimiento.

Una correcta supervisión de la posproducción es aquella que se inicia en la preproducción de la película, cuando todavía se está a tiempo de evitar o apuntar determinadas decisiones durante el rodaje que pueden afectar a la posproducción, bien enriqueciéndola, bien subsanando futuras complicaciones innecesarias. En este sentido, el director de posproducción realiza reuniones de equipo previas al rodaje con el director de producción, el director, el montador de imagen y el montador de sonido. Este tipo de encuentros aporta sentido al trabajo de cada uno y, en muchos casos, a consecuencia de decisiones equilibradas y razonadas, suaviza algunas partidas del presupuesto como, por ejemplo, prescindir de localizaciones naturales y organizar el rodaje en plató.

Las reuniones de equipo tendrán su continuación durante la posproducción. Sin poner en cuestión que la última palabra la tienen el director, productores y productores ejecutivos, el director de posproducción va a asumir determinadas decisiones creativas, ejerciendo un determinado y sutil control artístico sobre el proceso. Este hecho no es nada habitual en nuestro país: realizar esta función requiere de algo más que conocer escrupulosamente la técnica. Es en este aspecto en el que el director de posproducción se diferencia de otra figura que ha surgido con la nueva tecnología digital, la del coordinador de posproducción. Este presenta un perfil más especializado, ya que se encarga de los aspectos más técnicos de la posproducción, no toma ningún tipo de decisión creativa y se limita a supervisar que todo esté funcionando en cada momento del proceso. Esta parte final de la producción de la película requiere una atención especial y un escrupuloso cuidado en cada elección que se realiza. Las consecuencias son de un profundo calado para el resultado final desde que se inicia en la posproducción.

Una de las novedades del proceso durante los últimos años no solo afecta a la imagen, sino además a la posproducción de sonido. Una de las primeras consecuencias es la que supone la especialización de los profesionales. Los directores de posproducción reivindican la figura de los montadores de imagen y de sonido, aunque se trabaje con tecnología Avid y Protools, para que no sean sustituidos por técnicos de imagen y de sonido. Su visión es que hay que mantener el criterio profesional del cine, en donde cada profesional tiene su propio oficio y su puesto. Una cosa es manejar la tecnología y otra el conocimiento del oficio. Esto también implica que, con la aparición de un mayor número de herramientas de trabajo y con el conocimiento y control de las posibilidades que ofrecen los nuevos equipos de los montadores, se podrán ofrecer más posibilidades en la toma de decisiones creativas a los directores.

En lo que afecta a la película, la tecnología digital ha modificado sustancialmente la labor del trabajo de producción. Lo fundamental es que desde una fase temprana del montaje el productor puede valorar su película mucho antes de que esta llegue a la fase final de mezclas de sonido, lo que le permitirá dos reacciones fundamentales: realizar elecciones más precisas y actuar con antelación. El trabajo de posproducción se caracteriza por un efecto dominó: cada fase del proceso se verá impulsada por la anterior, para lo que resulta imprescindible ir confirmando decisiones.

El trabajo del director de posproducción se aúna en dos tareas fundamentales: por una parte, tener un conocimiento exhaustivo de todos los elementos y actividades que integran la posproducción de imagen y de sonido y, por otra, organizar un calendario de trabajo y supervisar su coordinación y cumplimiento. Diseña un calendario de posproducción en el que habrá de remontar un camino en el que se suceden distintas fases que implican el visto bueno a numerosas decisiones creativas: cerrar definitivamente el montaje de imagen, realizar los doblajes, componer y grabar las músicas, realizar efectos de sala y efectos digitales para ir a las mezclas finales y, finalmente, obtener la copia estándar definitiva y llegar al día del estreno.

2.4.2. Calendario de posproducción

Al margen de cuestiones eminentemente técnicas que aparecen explicadas en cualquier manual o libro sobre la nueva tecnología digital, la explicación del calendario de posproducción implica una serie de premisas o de preparación de procesos que hay que contemplar, previa realización de un calendario. La primera fase que se ubica en el plan es la que concierne al montaje de la imagen. Durante este tiempo se inician otros procesos que deberán estar listos y preparados para el escaneado y el filmado del material, como son la preparación de los efectos digitales y los títulos de crédito para estar listos para las mezclas. Otra de las previsiones, una vez finalizado el montaje, es la que supone la convocatoria de los actores para la realización del doblaje (cuya duración será proporcional a determinadas decisiones creativas que se tomen durante el montaje y a las necesidades de los actores). También en la previsión de elaboración del calendario hay que contemplar que seis semanas antes de realizar las mezclas hay que tener preparadas las músicas, por lo que su composición y grabación se debe iniciar, como mínimo, con otras seis semanas de antelación.

Finalizado el montaje digital, se envía al laboratorio la EDL (*edit decission list*); posteriormente se filman los efectos digitales y los títulos de crédito sobre el negativo, hasta llegar a la obtención de la copia muda y su posterior etalonado. De manera paralela tiene lugar la preparación del montaje de sonido directo, la preparación de los doblajes, los efectos de sala, la composición y grabación de las músicas y, finalmente, el montaje de sonido y las mezclas.

A continuación se adjunta un calendario de posproducción en el que se observa con claridad la temporalidad que implica cada fase del proceso y cómo para avanzar en el mismo resulta imprescindible obtener y confirmar determinados materiales para concluir cada etapa. El elemento prioritario y fundamental para iniciar la elaboración del calendario de posproducción es la fecha definitiva de estreno o de asistencia de la película a un festival.

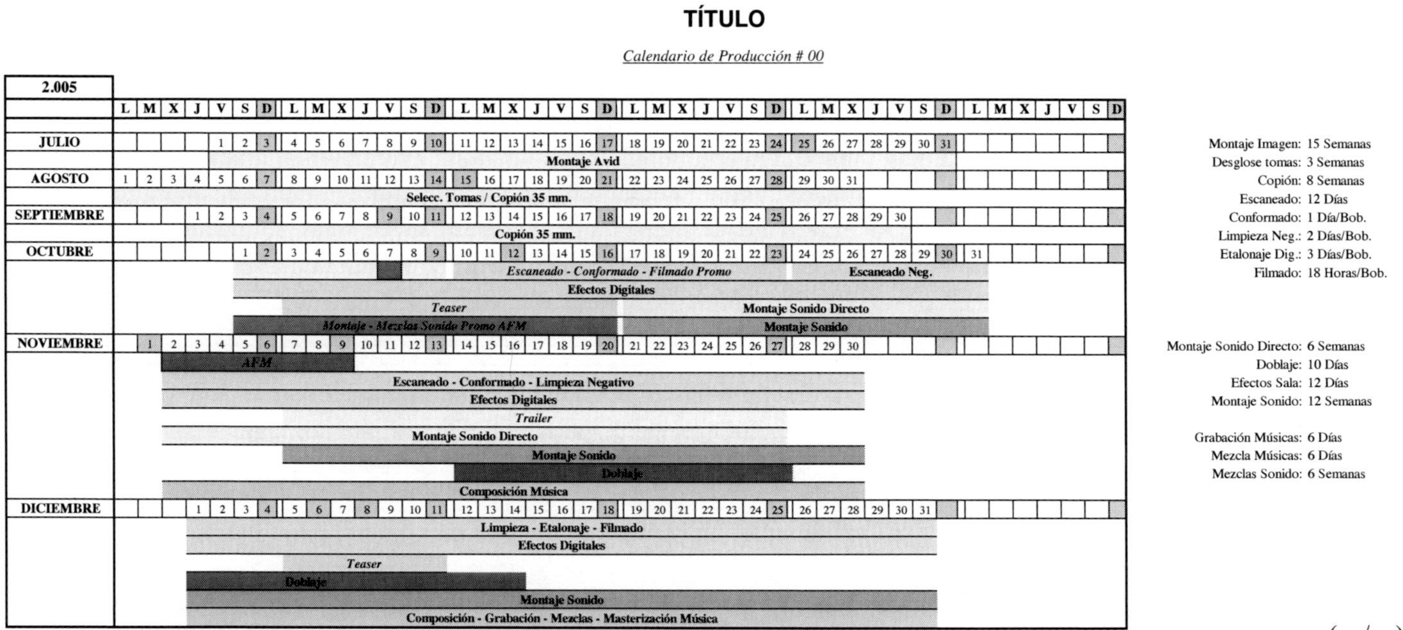

(.../...)

Figura 2.8. Cuadro de posproducción.
Fuente: Fernando Victoria de Lecea.

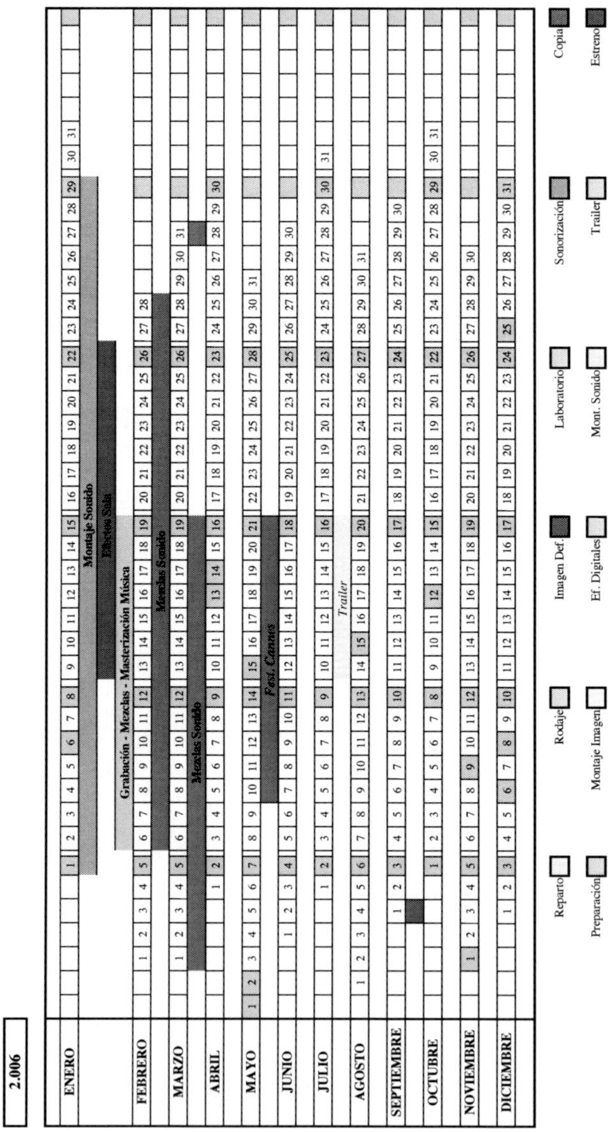

Figura 2.8. Cuadro de posproducción (cont.).
Fuente: Fernando Victoria de Lecea.

3
Los estudios de los públicos en las producciones cinematográficas

El presente capítulo aborda uno de los temas clave presente en el horizonte de cualquier producción audiovisual y cinematográfica, en definitiva, quiénes son los destinatarios más inmediatos de estas obras audiovisuales. La industria del cine, inmersa en el objetivo de eliminar de su actividad pública los aspectos más económicos de la misma, no puede evitar al mismo tiempo establecer políticas comerciales, tanto de promoción de los largometrajes como, al mismo tiempo, de investigación del mercado cinematográfico, con el objetivo fundamental de conocer y buscar a sus públicos. Durante décadas, la industria cinematográfica estadounidense como ninguna ha unido armónicamente un sistema de producción con el consumo. Desde la década de 1910 hasta nuestros días se introducen prácticas de conocimiento de los públicos.

3.1. El escenario de la industria cinematográfica ante sus públicos

Un día, el montaje de la película está terminado. Pero esa primera copia del film que visionan, dicho simplificadamente, el productor y el realizador, no significa que se presente tal cual la ven ellos dos al público espectador. Todavía queda mucho por hacer hasta llegar a la noche del estreno. Surgen interrogantes: ¿lo que se ha visto, incluyendo el título con el que se ha trabajado hasta ese momento, es la mejor opción para que sea aceptado por los públicos, o tal vez se puede retocar algo para con ello mejorar sus resultados económicos?, ¿qué campaña de promoción y publicidad debe hacerse?, ¿cuántas copias deben tirarse?, ¿qué fechas son la mejores para el estreno?... Si estas cuestiones se tradujesen en cifras, se podría indicar que, por ejemplo, en una industria como la estadounidense, el coste de producción de un film de alta gama supera los cien millones de dólares; y a partir del día en que se ve la primera versión del montaje hasta que la película sale a las salas, todavía se pueden generar unos gastos adicionales de cincuenta millones de dólares.

Huelga decir que toda empresa productora, y al margen de su tamaño, debe responder a las preguntas anteriores. Las mismas agrupaciones de productores ayudan a sus socios proporcionando elementos de respuesta. El informe anual elaborado por las *majors*, Motion Picture Association of America (MPAA), que reúne a las principales productoras estadounidenses, titulado *Theatrical Market Statistics,* va en ese sentido. Lo mismo, en un plan mucho más modesto, busca la *Memoria anual de la FAPAE*, institución esta que concentra a los productores españoles.

Resulta paradójico que una de las mayores singularidades de la industria del cine es que se esfuerza en borrar con sus "relatos", en el espacio público, los aspectos más prosaicamente económicos de su actividad, tal vez en aras de conseguir una legitimación cultural en el ámbito creativo y, por ello, propagan en sus discursos que nadie sabe nada de las respuestas del público frente al film. Pero, por otro lado, en su práctica profesional cotidiana subrayan la necesidad de establecer políticas comerciales, tanto de promoción de los largometrajes como de investigación del mercado cinematográfico, que justamente se conciben para conocer a los públicos.

Lo cierto es que hoy parece evidente que toda lógica comercial implica que el productor de una mercancía debe combinar sus capacidades productivas con otras habilidades que presenten lo hecho en un mercado competitivo en el que ninguna fuerza obliga a que el consumidor adquiera su mercancía. En otras palabras, han desaparecido los días de la exaltación del economicismo productivista: vender en sentido amplio que, en el caso del cine, incorpora la posibilidad de que presentar es, de hecho, más importante que producir. Y vender, más aún que producir, excusado es decirlo, lleva incorporado, de alguna manera, en la globalidad del circuito económico una idea del público consumidor. Christian Metz, tan alejado en su pensamiento de los presupuestos economicistas, reconocía sensatamente que la industria del cine funciona para llenar salas, no para vaciarlas (Metz, 1979:14).

Fijémonos en un caso. A veces se han planteado diversos debates sobre las razones explicativas que permitieran comprender las muchísimas décadas de dominio industrial de la cinematografía estadounidense. El fenómeno, si atendiéramos exclusivamente a las facetas económicas del cine, no deja de ser singular; y como tal no se ha producido en otros sectores productivos, ni siquiera en aquellos que nacieron y crecieron en los Estados Unidos, como los automóviles, la aviación o la electrónica de consumo (informática, televisores, vídeos domésticos, etc.). Es difícil encontrar respuestas unívocas y concluyentes de esos hipotéticos debates. En España, en algunas épocas recientes, se ha explicado a partir de la grave situación de competencia desleal en que se encuentran las cinematografías europeas y, en concreto, la española, con respecto a los filmes estadounidenses. En este sentido, la petición que en ocasiones los profesionales realizan a la Administración consiste en que intervenga con sus prerrogativas para hacer cumplir la legislación vigente con la finalidad de equilibrar las condiciones de mercado y evitar las prácticas de las *majors* frente los exhibidores españoles, cuyo corolario evidente es que dificultan la elaboración de políticas de programación más compensadas entre la presencia en las salas de las películas norteamericanas y las españolas o europeas (véase "Catorce propuestas para consolidar la industria", *Academia. Noticias de Cine español*, n.º 88, marzo, 2003).

Más presente y repetida es la voz de los que indican que la explicación no se encuentra solo en las capacidades productivas que despliegan los americanos, sino sobre todo en las cualidades que tienen a la hora de vender sus películas. Es cierto que hay diferencias abismales en los presupuestos que para la producción se manejan en las dos orillas atlánticas, pero sobre todo las diferencias se encuentran en los presupuestos que las cinematografías estadounidenses o europeas manejan en las partidas de promoción y *marketing*. Una reciente radiografía, que desde la Academia del Cine se hacía sobre el cine español, desglosaba en quince puntos los pasos necesarios para el avance de la cinematografía nacional. El apartado 5 se titula "Urgencia de una mayor promoción" y en él se lee:

> A menudo, las películas españolas se ven sumergidas en la manera de estrenos que surgen cada semana, muchos de ellos con infinitas mayores posibilidades de publicidad, promoción y *marketing* (...). En este sentido es importante que, al igual que otras partidas del presupuesto de producción de una película, los gastos de promoción, copias y publicidad puedan ser incluidos sin el tope actual entre las susceptibles de recibir ayudas a la amortización e incentivos fiscales, al ser elementos esenciales para la buena explotación de un film (véase "Cine español. El estado de la cuestión", *Revista Academia* n.º 189, mayo 2012).

Pero tampoco debe olvidarse que estas posibles diferencias entre los norteamericanos y otras cinematografías como la española vienen de muy lejos; y ello hasta tal punto que los historiadores han demostrado que la comunicación publicitaria comienza a estar presente en el quehacer de la industria estadounidense a partir de la década de 1910. Tal vez una manera de abordar posibles respuestas a la pregunta sobre los motivos de la mayor solidez industrial del cine norteamericano sea el considerar que, a diferencia de lo que es habitual en Europa, Hollywood es la única industria cinematográfica que ha unido armónicamente un sistema de producción con el consumo. En otras palabras, tal vez los analistas de las debilidades del cine europeo deberían considerar que un rasgo claramente diferenciador entre ambos continentes es que la industria estadounidense, y desde hace muchas décadas, incorpora a la audiencia –es decir, el público consumidor– en el desarrollo del proceso productivo de la realización de las películas, mientras que, como generalidad, en Europa, el hacer cine sigue en buena parte concebido como el resultado de la creación de unos individuos, al margen de la interrelación con la demanda. Thomas Elsaesser, en su estudio de la cinematografía alemana de los años veinte del pasado siglo, uno de los pocos periodos en los que el dominio industrial norteamericano tuvo un serio competidor en algunos de los principales mercados occidentales, relata las diferencias con las que se trabajaba en Hollywood y en la UFA, la más importante productora alemana: en los estudios americanos concebían el proceso de producción de las películas pensando exclusivamente en el momento en que aquellas se presentaban al mercado para su consumo, mientras que en la UFA privilegiaban el conseguir los mejores acabados del largometraje a pesar de que produjera retrasos en las fechas previstas de estreno.

Obvio, por supuesto, que esas desproporciones en los sistemas de producción y consumo poco tienen que ver con el resultado artístico o estético del producto final: hay grandes obras de la cinematografía en las dos orillas del Atlántico. Sea como fuere, y habida cuenta de la cantidad de las inversiones millonarias en la producción, parece inevitable el intento de reducir al máximo la imprevisibilidad del resultado económico. Y más ahora que las recaudaciones de taquilla suponen un porcentaje porcentual muy reducido de los costes de producción (un buen resultado en el mercado español es que retorne a la productora, por los ingresos de la taquilla de las salas, un 25% de lo invertido). Y lo cierto es que la industria del cine americano puso en funcionamiento, desde casi sus orígenes, gran cantidad de prácticas que tienen como objetivo conocer las reacciones del público y con esa comprensión mejorar los resultados económicos de la producción o de la exhibición. Hoy en día, gran parte de esas prácticas están generalizadas en muchas cinematografías nacionales; a veces, por algo tan frecuente como la internacionalización de los procesos de producción según las pautas norteamericanas y, en otras, porque la presencia de productoras íntimamente relacionadas con el quehacer televisivo ha incorporado modelos en los cuales se acepta como cotidiano la preocupación acerca de los motivos y deseos últimos de los públicos.

Analizar las maneras y los patrones de trabajo que la industria establece para incorporar el conocimiento del público en sus decisiones es el objetivo de este bloque. Sin embargo, es necesario realizar unas precisiones previas que tienen algo de mayor calado que un simple prurito académico. Toda técnica de investigación de audiencias necesita una imagen previa del público como objeto de estudio. Siguiendo a Ien Ang (1991), diríamos que el público del cine, tal como se segmenta para su estudio en variables sociodemográficas y edades concretas, no es dato ontológico en sí mismo, sino que ha sido construido como categoría para satisfacer las necesidades de la producción y la venta de la película. Ang nos ha enseñado que existe una representación de la audiencia que emana de toda encuesta que está íntimamente relacionada con lo que la industria busca. Y todo ello por no contar que esos parámetros en sus categorías básicas (hombre, mujer, franjas de edad, estado marital, nivel de estudios, población de residencia, entre otras) responden a un tipo de sociedad estratificada en un periodo histórico muy anterior al presente. Y que las contemporáneas teorías sobre el *marketing* hablan de estilos de vida tanto como de perfiles sociodemográficos y de satisfacción de deseos en lugar de necesidades.

Veamos ahora cómo se ha ido fraguando a lo largo de la historia el conocimiento del público cinematográfico como guía de las productoras.

De una manera simplificada, existen tres momentos o fases que abarcan el proceso que va desde que el film está terminado en su primera versión y su salida a salas. En primer lugar, los test presentados a diversos grupos demográficos para con sus respuestas "limar" el montaje final, conocidos en inglés como *test screening* (en esencia, duración de la película o final) o los estrenos previos con público en la sala (conocidos como *sneak preview*). En segundo lugar, las campañas publicitarias, para con ellas coadyuvar a conseguir las potencialidades comerciales del largometraje. Y tercero, las valoraciones sobre la composición de los públicos y las imágenes que estos poseen, para establecer líneas de producción del futuro.

Creemos más oportuno incidir en casos del pasado, justamente para acentuar la idea que ya hace muchas décadas que la industria y las productoras vienen trabajando sobre los conocimientos del público, por mucho que desde una visión superficial se crea que es un proceso reciente.

3.1.1. Primeros estudios: Emilie Altenloh. Las investigaciones de la Fundación Payne

Los estudios sobre la composición social del público del cine son realmente muy antiguos. El primero de ellos se remonta a un siglo; a mediados de la década de 1910 (1914), el sociólogo investigador alemán Emilie Altenloh (2001) publica una primera sociología de los públicos (*Zur Soziologie des Kino*), que se ha reeditado en su traducción al inglés en la revista británica *Screen* y cuya lectura resulta extraordinariamente útil para comprender muchas de las cosas que venimos abordando y como corolario de lo que ha sido el proceso evolutivo del público cinematográfico durante el último siglo.

La metodología y el diseño global de la investigación de Altenloh se basó en el análisis que hizo de 2.400 respuestas obtenidas de entrevistas personales realizadas y de las contestaciones de formularios enviados a escuelas, diversas asociaciones y sindicatos de trabajadores de la ciudad industrial alemana de Mannheim, que contaba en la época con doce cinematógrafos y unas 4.500 butacas para algo más de 200.000 habitantes. El sociólogo alemán considera que en el tiempo de su investigación se están vendiendo unas 7.500 entradas al día. Altenloh extrajo conclusiones sobre aspectos relacionados con el cine como forma de entretenimiento, contraponiéndolo a otras formas de ocio como el teatro, la opera o las excursiones dominicales. En la investigación se estudia cómo la gente distribuye su tiempo de ocio y cómo el cine atrae su atención; por ejemplo, la importancia que posee entre los espectadores habituales el día o la sesión de asistencia (viernes, sábado o domingo), en relación con las tipologías de los públicos (el viernes era el día de la paga semanal).

Pero sobre todo fijó su atención sobre los públicos infantiles, los gustos de los adolescentes, los jóvenes trabajadores, los adultos proletarios, la población rural, las trabajadoras, los artesanos rurales y urbanos, el sector comercial y los clérigos y sus familias. Detectó diferencias significativas en la elaboración de los gustos según las variables sociodemográficas y por ello de los éxitos de taquilla de los filmes. Probablemente no merece la pena profundizar aquí en los resultados de esa primigenia investigación sobre los públicos cinematográficos; empero, sí resulta útil reproducir el primer cuestionario que diseñó Altenloh para estudiar la composición de los públicos del cine:

> 1. 1a. Nombre o sexo. 1b. Ocupación. 1c. Ocupación del padre. 1d. Edad. 1e. Lugar de nacimiento. 1f. Colegio al que va o fue.
> 2. ¿Va usted al teatro, conferencias, conciertos, espectáculos de variedades?
> 3. De estas actividades, ¿cuál prefiere?
> 4. ¿Va al cine? ¿Cuántas veces?
> 5. ¿Va solo o acompañado?
> 6. ¿Qué tipo de razones le llevan al cine?
> 7. ¿Cuándo va normalmente al cine (día de la semana, sesión)?
> 8. ¿Se queda usted a ver el programa entero?
> 9. ¿Qué tipo de filmes le gusta más (dramas, comedias, documentales de naturaleza, etc.?
> 10. ¿Hay algo que le haya impresionado de forma duradera? ¿Qué fue?
> 11. ¿Le ha proporcionado el cine algún tipo de experiencia artística?
>
> Altenloh, 2001:249-250.

Un paréntesis que conecta, como globalidad, el conjunto de la historia de la investigación sobre los públicos. Compárense las preguntas del estudio de Altenloh con el cuestionario de preguntas que establece el Ministerio de Educación, Cultura y Deporte de España en el pliego de prescripciones técnicas para la realización del proyecto titulado Trabajos de Campo de la Encuesta de hábitos y prácticas culturales en España 2014-2015. Aquí, algunas de las preguntas en el campo del cine son las siguientes:

> 1. ¿Cuándo fue la última vez que fue al cine? ¿Cuántas veces fue en el último trimestre?
> 2. En relación con la última vez que fue el cine, ¿podría decirme qué día de la semana era? ¿De qué tipo de película –género– era? ¿Podría decirme los motivos que más le influyeron (actores, director, tema, la publicidad, la opinión de sus hijos, la opinión de otros familiares, las críticas)?
>
> Anuncio aparecido en el BOE de 7 de enero de 2014.

Regresando a años pretéritos, durante las décadas de 1910 y 1920, y por aquello de que el cine supuso una modificación sustantiva de las relaciones sociales en los espacios públicos, moralistas diversos de todos los lares articulan cruzadas para la defensa de los comportamientos de los subpúblicos infantiles que desde tiempo ancestral se han convertido en el epicentro de los debates sobre los posibles efectos perniciosos del cine. Por ejemplo, para España lo han estudiado Minguet Batllori (1988) o García Fernández (2002), que recogen valiosos documentos de las severas polémicas que se suscitaron. También se puede recordar un dato que no deja de sorprender a los ojos contemporáneos y es que el franquismo prohibió en septiembre de 1939 y durante unos meses que los niños menores de catorce años pudieran asistir a las salas que exhibieran largometrajes.

Sobre el humus del moralismo brotará toda una línea de investigación que llega hasta hoy día, trasladando las críticas al cine por otras muy similares realizadas ahora a la televisión, los videojuegos, internet, las redes sociales... Justamente, en este contexto de disputas morales sobre los usos del espacio público, los trece estudios que la Fundación Payne (Payne Fund Studies) financió entre 1929 y 1932 auspiciados por la privada Motion Picture Research Council y capitaneados por el reverendo William H. Short, pasan por ser la investigación matriz de todas aquellas que están centradas en los aspectos sociales del cine, y especialmente los que versan sobre las consecuencias educativas del medio (existe una visión contemporánea de los trabajos de la Fundación Payne en donde se recupera uno de los informes que permanecía inédito: Jowett, Jarvie y Fuller, 1996). La investigación de la Fundación Payne, publicada en 1933, se desarrolló con técnicas cualitativas (para los análisis de contenido y la evaluación de los efectos) y cuantitativas (sondeos), herramientas provenientes de la sociología y la psicología de la época. Se realizó en cincuenta localidades del Estado norteamericano de Ohio, pero en lo referente a la asistencia a las salas los resultados se trasladaron a todo Estados Unidos.

Los estudios tenían un triple objetivo: en primer lugar, se trataba de observar algunos aspectos del contenido de los géneros fílmicos (policíaco, sexo, amor, misterio, guerra, infantil, historia, viajes, comedia y propaganda social); en segundo, estudiar la composición social de la audiencia y, por último, justamente aquello que ha tenido mayor repercusión histórica: analizar los efectos que el medio cinematográfico tiene sobre los procesos de aprendizaje, la estimulación emocional y los comportamientos y actitudes para el cambio de la infancia. Como se suele decir, se encuentra lo que se busca; así, los resultados encontraron lo que los investigadores indagaban: una base pretendidamente científica que justificaba el miedo de las clases medias a la influencia negativa del cine en la infancia. Asimismo, no se puede olvidar que los estudios de la Fundación Payne estuvieron en la base de los debates públicos que dieron lugar al Código de Producción de la MPAA en 1934, conocido como *Código Hays,* y que tanta influencia tuvo en las líneas de producción de Hollywood hasta su desaparición en la década de 1960 (conceptualmente), sustituido por la calificación de las películas por edades en los cines, antes virtualmente inexistente en Estados Unidos. En lo que se refiere a nuestro interés en estas páginas, los estudios de la Fundación Payne, a pesar de que sean criticados en la contemporaneidad por su falta de rigor científico, ya revelaron algunas de las premisas intuidas previamente y que son lugares comunes de las investigaciones que se producen en la contemporaneidad como, por ejemplo, que la frecuencia de asistencia a las salas de los más jóvenes superaba ampliamente a la de los mayores.

En los años de la preguerra mundial, las investigaciones de los moralistas y los posibles efectos educativos o perniciosos del consumo cinematográfico se concebían al margen de los intereses económicos de una industria que, como la cinematográfica, era en muchos lugares extraordinariamente sólida. A pesar de ello, y para no poner en peligro su fortaleza, los magnates de Hollywood decidieron evitar problemas con la Legion of Decency y otras asociaciones moralistas y dotarse de un autocontrol (autocensura) deontológico, el ya mencionado Código Hays. Dicho de otra manera, la realidad fue que, de una manera indirecta, una investigación académica con ribetes moralistas determinó durante décadas las líneas de producción de la industria cinematográfica más importante del mundo.

3.1.2. Hollywood establece la manera de mirar al público en los años cuarenta y cincuenta del siglo XX

En 1946, en el epicentro del cine clásico, Eric Johnston, presidente de la Motion Pictures Association of America (MPAA) –como hemos dicho, las *majors* estadounidenses–, comentaba en su informe anual unas reflexiones que con el paso del tiempo han conseguido una cierta celebridad. Decía que, debido al rapidísimo crecimiento de la industria y al peso que en ella tienen las opiniones de los pioneros y las impresiones casuales de individuos poco familiarizados con los negocios, lo cierto es que las productoras de cine de Hollywood saben menos sobre sus negocios que cualquier otra industria americana (citado en Handel, 1950:93). Y sin embargo, parece poco probable que podamos conceder fiabilidad al comentario de Eric Johnston. Basta pensar que películas como *Intolerancia* (*Intolerance,* David Griffith, 1916) tuvieron un remedo de preestreno previo para limar el montaje y, ya a finales de los años veinte del pasado siglo, las productoras estadounidenses, en ese momento propietarias asimismo de los circuitos de exhibición, entendían que las películas que triunfaban en las salas de Broadway no tenían por qué hacerlo en el resto de Estados Unidos. Y mucho más claro al ser propietarios de las salas, los estudios poseían información directa de las respuestas de los espectadores y, en consecuencia, sus departamentos de ventas, con el objetivo de causar sensación en los públicos y promocionar los programas, establecían estrategias de comercialización, fotografía o carteleras, que se publicaban en manuales, para que los gerentes de las salas supieran la mejor utilización de las técnicas publicitarias. Douglas Gomery ha estudiado cómo ningún factor se dejaba al azar, hasta el punto de que los gerentes de las salas debían intervenir en las actividades cívicas desarrolladas en sus localidades y, posteriormente, enviar a las sedes centrales información sobre el desarrollo de esos actos (Gomery, 1993). Huelga decir que estos ejemplos indudablemente indican un cierto conocimiento de los perfiles, composición y comportamientos y gustos de los consumidores, probablemente similar al que tuvieran las otras grandes industrias norteamericanas. Todo ello al margen de que hasta bien entrada la década de 1940, las *majors* de Hollywood únicamente utilizaban, para la elaboración de sus proyectos de producción anual, herramientas intuitivas y muy impresionistas, como los informes sobre las reacciones del público que debían mandar los gerentes de sus salas de cine, las cartas que enviaban los fans a las estrellas y la opinión de la crítica cinematográfica.

Ya lo mencionamos anteriormente: la institución cinematográfica, tan capacitada para crear historias y elevarlas a nivel de categorías incontestables, ha intentado borrar los aspectos económicos de su actividad convirtiendo en imágenes públicas de amplia circulación que los gustos del público son un arcano científicamente indescifrable, tan solo intuitivamente vislumbrados por la observación de las caras del día del estreno. Y, sin embargo, las reacciones del público cinematográfico para guiar a la producción y a la exhibición vienen estudiándose desde hace más de cincuenta años. De hecho, el mismo Eric Johnston, recién terminado el parlamento que citábamos con anterioridad, creó el Departamento de Investigación de la MPAA con el triple objetivo de corregir las desinformaciones sobre los públicos del cine, elaborar investigaciones propias y estudios que fijaran el valor del cine como fuerza cultural, es decir, que mejorara su imagen pública. Puede parecer esto extraño si recordamos que el año de 1946 ha sido en toda la historia el que mayor número de americanos fueron a los cinematógrafos. Sin embargo, no suele decirse que un año antes, en 1945, una encuesta había revelado que el 84% de los residentes en Estados Unidos manifestaban que, si tuvieran que elegir, abandonarían el cine a favor de la radio.

En realidad, las cosas habían empezado un poco antes, lejos de Hollywood. Desde los años treinta del pasado siglo, en la primera sociedad mediática del mundo que es Estados Unidos, y al margen de las cuitas de la babilonia de Sunset Boulevard, se van fraguando corrientes de investigación que serán decisivas para elaborar los discursos (y las visiones) sobre la audiencia que nos llegan hasta hoy día. Las investigaciones de mercado de la industria del cine se originaron a partir de dos corrientes: por un lado, los sondeos y encuestas creadas por Georges Gallup y, por otro, los estudios de los sociólogos universitarios de la *mass communicaton research* capitaneada por Paul F. Lazarsfeld, sociólogo y comunicólogo absolutamente clave en el siglo XX (que se volverá a citar posteriormente en estas páginas). Ambas corrientes surgen, a su vez, de una doble necesidad que se pretendía abarcar: el negocio de la investigación de mercados, necesaria para el desarrollo de la industria publicitaria comercial básicamente en el sector radiofónico, y también el estudio de la propaganda política y los procesos comunicativos en las disputas electorales.

Como apunta Miquel de Moragas, "la creciente importancia comercial del conocimiento de la nueva realidad social que era la audiencia, constituyeron poderosas exigencias para estimular el desarrollo de una investigación específica (sociológica) sobre comunicaciones de masas" (Moragas, 1985:16). Con el tiempo, se intentará vender a la industria del cine el saber hacer conseguido en los procesos de construcción de la opinión pública y en las campañas publicitarias para la radio. Desde una mirada contemporánea, la aparición de las investigaciones sobre la audiencia que, obviamente, se justifican por el desarrollo de nuevos mercados en expansión, convierte en valor económico el conocimiento de las reacciones del público y también posible llave explicativa del conjunto de las actividades de la nueva sociedad de masas. En otras palabras, generan empresas complementarias que realizan servicios a la actividad principal.

En suma, que en esos años, "adaptando" las necesidades publicitarias de la radio comercial estadounidense y la búsqueda de patrones de decisiones electorales, se creó y se estableció la forma de estudiar a los públicos de cine. No es casual, en este sentido, que las investigaciones aplicadas al cine se centren en el campo de la producción (¿Cómo hacer que la película llegue mejor a sus públicos?), en los caminos para la promoción del film (la publicidad y explotación del producto largometraje) y en la manera en que se puede utilizar la misma sala de exhibición como soporte publicitario complementario (por ejemplo, para vender palomitas). Como se comprenderá, una vía muy distinta de investigación sobre los públicos que la que habían desarrollado los estudios previos de los psicólogos y moralistas centrados en las reacciones y gratificaciones de la audiencia, así como del contenido de los filmes. Más en concreto, dos empresas que trabajaron en el sector del cine en la década de 1940 fijaron la manera en que la industria establece y jerarquiza el conocimiento aprovechable sobre los públicos; el amable lector comprobará que su manera de hacer se ha trasmitido hasta la actualidad.

3.1.3. Audience Research Institute. Georges Gallup. David Ogilvy

Los responsables del Audience Research Institute (ARI) fueron dos personalidades que han tenido una cierta notoriedad pública en muchas décadas del siglo xx. Por un lado, Georges Gallup, que ya había conseguido una cierta celebridad utilizando la técnica de los sondeos en las estimaciones de resultados en los procesos electorales y, por otro lado, David Ogilvy, comúnmente reconocido como uno de los fundadores de la historia de la publicidad. Ambos intentaron abrirse mercados en la floreciente industria de Hollywood de finales de la década de 1930 y principios de la de 1940. Así, a través de la empresa de su propiedad Audience Research Institute, consiguen sus primeros clientes en la RKO productores independientes como David O. Selznick y Samuel Goldwyn, y más tarde en pequeños estudios como Walt Disney y Columbia Pictures. Como complemento a las convencionales historias estéticas del cine, podría decirse que uno de sus primeros trabajos para la RKO consistió en un estudio sobre la percepción que el público tenía sobre Orson Welles y cuál debería ser su primer proyecto como realizador. La ARI en sus encuestas estableció tres posibilidades: *Smiler with a knife, Heart of darkness* –el favorito de Welles– y la *Invasion from Mars*. Ari concluyó que este último era el que debía producirse (véase Ohmer, 1999).

ARI traslada su previo saber hacer al universo cinematográfico. Así, su primer presupuesto analítico consiste en conocer quiénes eran los que iban al cine, estableciendo características y tipologías sociodemográficas de los públicos. Para ello, David Ogilvy, el "metodólogo" de la empresa, prepara las encuestas sobre los hábitos del público cinematográfico a partir de categorías basadas en términos de edad, sexo y clase, tal como habían sido diseñados, sin cambios apreciables, para los intereses publicitarios de venta de los productos. El primer gran sondeo se realiza en 1940 y, desde la atalaya de la contemporaneidad, resulta llamativo que el informe que presenta Ogilvy para ARI apunta evidencias que setenta y cinco años más tarde siguen siendo elementos clave para comprender el consumo cinematográfico. Por ejemplo, la articulación de un principio del gusto cinematográfico según sexos: filmes de acción para público masculino, películas de amor para las mujeres. A pesar de ello y, tras comprobar que *Rebeca* tiene un 71% de público de mujeres y que *The Fighting 69th* (un film inédito en España interpretado por James Cagney que narra las cuitas de un regimiento militar durante la Primera Guerra Mundial) posee un 72% de público masculino, el informe de ARI considera que la mejor política de producción es aquella en la que las tramas de las películas manejen y combinen puntos de interés para los dos sexos. Pero si bien los gustos según sexos podían desgajarse de los públicos de otras actividades de ocio anteriores como la literatura, no había antecedentes previsibles que conectaran el consumo cinematográfico con las mutaciones del ciclo vital. Veamos un gráfico extraordinariamente modélico en la figura 3.1.

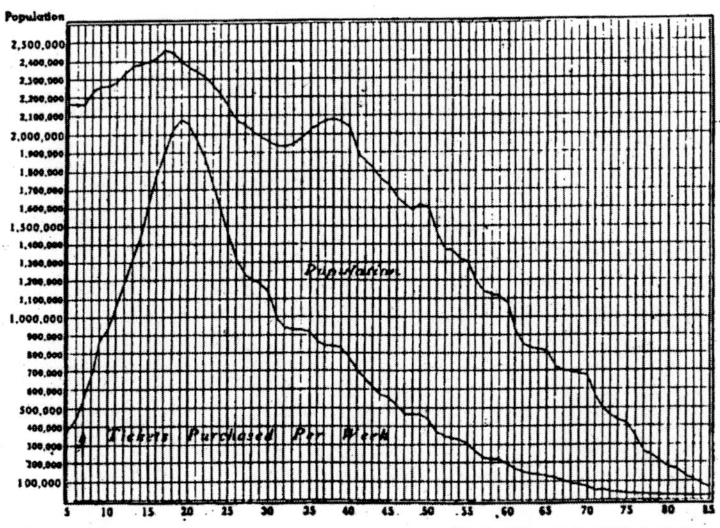

Figura 3.1. Distribución de la venta semanal de entradas por edades en 1940 (en relación con el total de individuos por edades en el conjunto de la población)
Fuente: Sotkes y Maltby, 1999: 68.

En suma, que ya los primeros estudios de la empresa de Gallup indican científicamente por vez primera que en 1940, al igual que hoy, la fuerza hegemónica del consumo del cine son los jóvenes, hasta el punto que un tercio de las entradas vendidas semanalmente son compradas por los menores de veinte años (por cierto, un porcentaje similar al actual). ARI enfatiza como conclusión que deben contratarse más actores y actrices menores de veinticinco años. David Ogylvy recomienda de hecho que, del guion que se está preparando para lo que luego será *Syncopation* (un musical dirigido por William Diertle en 1942 interpretado por Adolphe Menjou), la RKO elimine cualquier elemento que no gustara a los adolescentes como previsiblemente podía ser el aspecto histórico de la trama y los esfuerzos prosaicos en la vida de los músicos. Igualmente, ARI propone otra medida de gran recorrido posterior: se trata de descomponer los elementos del film para trabajar aisladamente con ellos y guiar las producciones futuras. Propuestas que serán reconocidas por los lectores de cualquier manual contemporáneo de *marketing* cinematográfico. Fijémonos un poco.

ARI considera que las productoras de Hollywood, para ajustarse al circuito económico producción-consumo, deben trabajar en tres bloques diferenciados. El primero es el título de la película. Su elección debe ajustarse a lo que buscan los públicos a los que va dirigida y enviar a la mente de esos públicos un mensaje sobre el tema y el argumento del film, tal como los titulares de la prensa lo hacen a las noticias. Por ejemplo, Disney, cuando en la primera mitad de la década de 1940 intenta llegar a segmentos de espectadores más amplios que los juveniles, decide con esa premisa cambiar el título de algunos de sus proyectos, sustituyendo *Uncle Remus* por *Songs of south* (*La canción del sur*, 1946).

En segundo lugar, hay que trabajar el origen y las características de la historia narrativa base que puede dar lugar a un largometraje. ARI recomienda a la RKO que adapte novelas, porque ya han construido su audiencia. Pero las propuestas de David Ogilvy no se limitan a esas vagas premisas. Considera que se deben testar las sinopsis de las tramas; para ello debe hacerse una breve sinopsis de unas sesenta palabras de la historia que permita distintas combinaciones y establecer con qué final concluir el largometraje. Las respuestas al cuestionario del test que den los elegidos en la muestra deben ser luego utilizadas para el desarrollo de las campañas publicitarias y en el texto de los carteles anunciadores.

Por último, y en tercer lugar, ARI plantea un intensivo seguimiento en el que se evalúe la relación entre las estrellas y los estereotipos que transmiten. Un tema este que preocupaba y padecía la RKO, carente de un plantel consolidado de estrellas. En este campo, la empresa de Gallup concibe un barómetro que estudiará, de una manera continuada, la popularidad de actores y actrices, similar al que en la época utilizaba para los políticos, como el presidente norteamericano Franklin D. Roosevelt (práctica que, como se sabe, se sigue haciendo con los políticos en la actualidad y en algunos momentos con las estrellas de la televisión). Con esta metodología, concluyeron que no era conveniente potenciar el cambio de roles de Fred Astaire y, además, que debía de contratarse a Ginger Rogers para reunificar a la pareja de bailarines que había tenido tanto éxito en la década de 1930.

Los hombres de ARI son conscientes de que los informes basados en cuestionarios previos a la producción de la película pueden mejorar sus potencialidades comerciales, pero están lejos de prever los resultados en taquilla. Con el fin de amortiguar este "problema", copian los modelos desarrollados por Paul Lazarsfeld para evaluar la incidencia de la publicidad en la radio. ARI estableció un test específico para las películas terminadas, conocido como *televoting machine*. Este método de investigación de audiencia se basa en la exhibición de la película a una muestra de espectadores representativos, seleccionados por variables sociodemográficas (*test screening* o simplemente test, como se denominan en el presente). Estos se veían obligados a indicar por medio de un dial, y prácticamente segundo a segundo, cinco niveles de respuesta sobre lo que van viendo o escuchando ("me desagrada mucho", "me desagrada", "me resulta indiferente", "me gusta", "me gusta mucho"). Las investigaciones con los *televoting* nunca eran igual de concluyentes que cuando se aplicaba a fragmentos temporales mucho más reducidos, como los anuncios publicitarios, pero indicaba los aspectos negativos o confusos de la trama de la película. Con sus resultados se conoció lo impreciso que era el personaje del marido de Gilda, en la película del mismo título, una vez que reaparece tras estar aparentemente desaparecido en el mar; por ello, la Columbia decidió rodar y añadir una secuencia adicional en la que el marido es rescatado después de su accidente.

Durante casi toda la década de 1940 las productoras de Hollywood utilizaron los informes de ARI para incluir las técnicas de *marketing* en sus procesos de producción y promoción, en especial en lo referente a la elaboración de campañas de prensa (avances, cotilleos, artículos y otras piezas informativas para crear las expectativas del público). El mismo cartel publicitario de *Gilda* salió de los estudios de los comportamientos de la audiencia, que hacía la empresa de Gallup.

3.1.4. Motion Picture Research Bureau. Leo A. Handel

En 1950, al comienzo de un declinar de asistencia a las salas cinematográficas que durará varias décadas, Leo A. Handel publica *Hollywood Looks at its Audiences*, sin ningún género de dudas un ensayo de extraordinaria importancia para comprender las maneras en que la industria del cine de Hollywood fue asimilando los procesos de estudio de las audiencias desarrolladas para otras industrias como la radio. Leo A. Handel fue durante unos años director de investigación de audiencia en la MGM, la única productora que poseía un departamento de este tipo en el interior de su estructura orgánica, y más tarde fundó Motion Picture Research

Bureau (MRPB), principal empresa competidora de la ARI de Georges Gallup. Handel se siente deudor en sus metodologías investigadoras cuantitativas y cualitativas de los trabajos de la *comunication research* y especialmente los que sobre la audiencia radiofónica hicieron Paul F. Lazarsfeld de la Universidad de Columbia y Frank Stanton de la CBS. Indicativamente, puede decirse que el mismo Lazarsfeld escribió el prólogo del volumen del que ya hemos hablado, *Hollywood looks at its audiences*.

Leo A. Handel establece para el conocimiento de los públicos cinematográficos dos bloques de investigación principales: en primer lugar, los estudios relacionados con el ciclo de producción cinematográfico y, en segundo, las investigaciones centradas en el comportamiento de las audiencias cinematográficas.

En relación con el ciclo de producción, Handel a su vez plantea tres aplicaciones de las investigaciones sobre la audiencia: *1)* los estudios realizados con anterioridad al inicio del rodaje y, como tal, concebidos para, de alguna manera, guiar las líneas de producción del estudio; *2)* aquellos otros acometidos durante el mismo rodaje para, con los resultados, mejorar aspectos de la factura final del largometraje, y *3)* las investigaciones realizadas, una vez terminada la película, para crear las campañas de publicidad. Estas dos últimas a partir de *test screening,* ya con el primer montaje del film terminado.

La base de los estudios del primer bloque, previos al rodaje, es conocer el deseo genérico que tienen los espectadores de que exista un film con determinadas características. Los cuestionarios de las investigaciones intentan centrar el deseo del encuestado incorporando el nombre de alguna estrella. Por ejemplo: "¿Quisiera ver Vd. una película sobre la que solo conoce que será interpretada por la estrella X?". Veamos un ejemplo que se desarrolla en el libro de Handel a partir de *Jane Eyre.* Es sabido que la novela de Charlotte Brontë es un relato que el Hollywood clásico siempre consideró como prototípico de lo que es romántico; tanto es así que, a la altura de 1940, se habían hecho dos versiones en el cine mudo y una en los primeros años del sonoro. La MRPB investigó a principios de 1941 la potencialidad que tendría una nueva adaptación fílmica de la novela. Realizaron 1.800 entrevistas a espectadores que hubieran asistido al cine en último mes, con preguntas tales como: "¿Has leído el libro o conoces la historia de Jane Eyre? ¿Querrías que *Jane Eyre* se convirtiera en una película? ¿Piensas que un film titulado *Jane Eyre* atraería tu interés?". Los resultados indicaron que un 37% de los hombres y un 49% de las mujeres de las edades que constituían la audiencia potencial del film podrían estar interesados por una versión cinematográfica de la novela. A los encuestados que les resultaba familiar la historia de las cuitas de la institutriz enamorada del padre de su alumna se les preguntaba además, y a partir de una lista establecida, sobre las actrices, actores y parejas que podrían interpretar los papeles principales. En los resultados de las preferencias de actrices destacó Joan Fontaine (26% de los entrevistados hombres y 30% de las mujeres), Vivien Leigh (24% de los hombres, 21% de las mujeres) y Katharine Hepburn (hombres, 15%; mujeres, 23%). Y entre los actores, Ronald Colman (hombres, 31%; mujeres, 40%); Walter Pidgeon (21%, hombres; 22%, mujeres); James Stephenson (11% de hombres y 10% de mujeres). Finalmente, la película se hizo en 1943, fue dirigida por Robert Stevenson e interpretada por Joan Fontaine y Orson Welles, que en el tiempo de la encuesta no fue considerado como respuesta posible en el cuestionario. Con lo dicho sobre el potencial cinematográfico de la novela, es posible que no sorprenda añadir que la obra de Charlotte Brontë luego ha sido adaptada en otras cinco ocasiones para la pantalla grande y otras tantas para la televisión.

Otro bloque de estudios que la industria de Hollywood financió para conocer a los públicos estuvo al margen de la producción de las películas, pero fue útil para elaborar líneas de producción de determinados géneros y en consecuencia fijar vías de especialización por temas de las productoras. Por ejemplo, la Motion Picture Research de Handel desarrolló (al igual que la ARI) técnicas para determinar los tipos de historia preferidos para los distintos tipos de espectadores según las variables sociodemográficas conocidas. Veámoslo en la figura 3.2, extraordinariamente útil, centrada en los sexos.

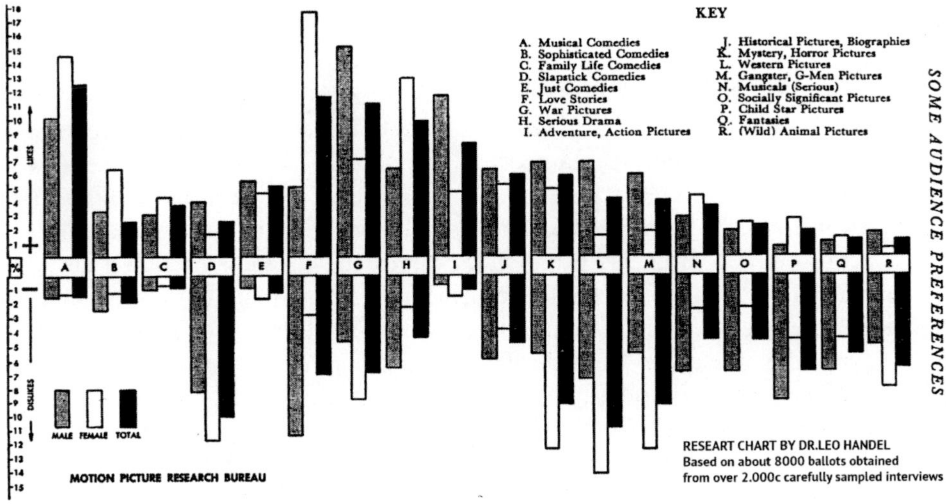

Figura 3.2. Preferencias relativas a los géneros en el cine.
Fuente: Handel, 1950:121.

Una interpretación simple del gráfico nos permitiría concluir que en la década de 1940 las mujeres se encuentran más satisfechas con el visionado de géneros tales como las comedias musicales, las comedias sofisticadas, las comedias familiares, las historias de amor, los dramas, los musicales; por su parte, los hombres disfrutan más con las comedias *slapstick*, las películas bélicas, las de aventuras y acción, los wésterns, los filmes de gánsters, los de misterio y terror. Como se ve, valoraciones de los géneros según sexos que en realidad podrían emanar de cualquier encuesta realizada en la primera década del siglo XXI, en cualquier país occidental.

El segundo bloque de investigaciones se plantea ya con el rodaje y montaje terminado y todavía sin copias listas para estrenar. Las investigaciones de MPRB buscaban conocer cuestiones que puedan coadyuvar a que la gente vaya al cine a ver el film investigado en cuestión. Absolutamente decisivo, y ya lo hemos visto en todo tipo de estudios, es la elección del título del film. El título debe concebirse siempre con el único objetivo de crear la curiosidad de ver una película con ese título. Por ejemplo, en una película dirigida por King Vidor en 1946, ambientada en el Oeste y que versaba sobre cómo las tensiones en el seno de una familia se complican por las pulsiones sexuales, la empresa de Handel analizó si era mejor titularla *The devil saw her first* ("El diablo la vio primero") o *Duel in the sun* (*Duelo al sol)*. Es seguro que el lector de estas páginas conoce cuál escogieron de las dos posibilidades. De este tiempo es la proliferación de los *test screening* y los preestrenos. Ambos permiten hacer retoques en el montaje, añadir secuencias o variar el de la película. Volveremos más abajo sobre ellos.

Utilizando las herramientas polígrafas que Lazarsfeld-Stanton habían creado para el estudio de los programas de radio, Handel también desarrolló métodos para evaluar el interés de la audiencia sobre el largometraje como totalidad, sobre su contenido o sobre el nivel de satisfacción que proporcionaba a los públicos. Con esos fines utiliza el denominado *Cirlin Reactograph,* conceptualmente similar a la *televoting machine* de ARI. También en este caso se trataba de que a un grupo representativo se le exhibiera el film en cuestión. Los espectadores disponían de sendos botones a su derecha e izquierda que debían pulsar si algo de lo que vieran o escucharan les gustaba o desagradaba; a diferencia del *televoting*, el polígrafo usado por Handel incorporaba una escala de tres reacciones ("me gusta", "me resulta indiferente", "no me gusta"). Los botones de las respuestas estaban conectados eléctricamente a un rodillo de papel móvil que iba registrando en un gráfico los placeres o disgustos de los espectadores en determinados segmentos significativos. Una vez terminada la película, se discutía con el grupo para analizar conjuntamente los resultados del gráfico. Veamos los resultados de un cuadro elaborado sobre la película *La calle del delfín verde* producida por la MGM en 1947, basada en una novela de Elizabeth Goudge, dirigida por Victor Saville e interpretada por Lana Turner y Van Heflin.

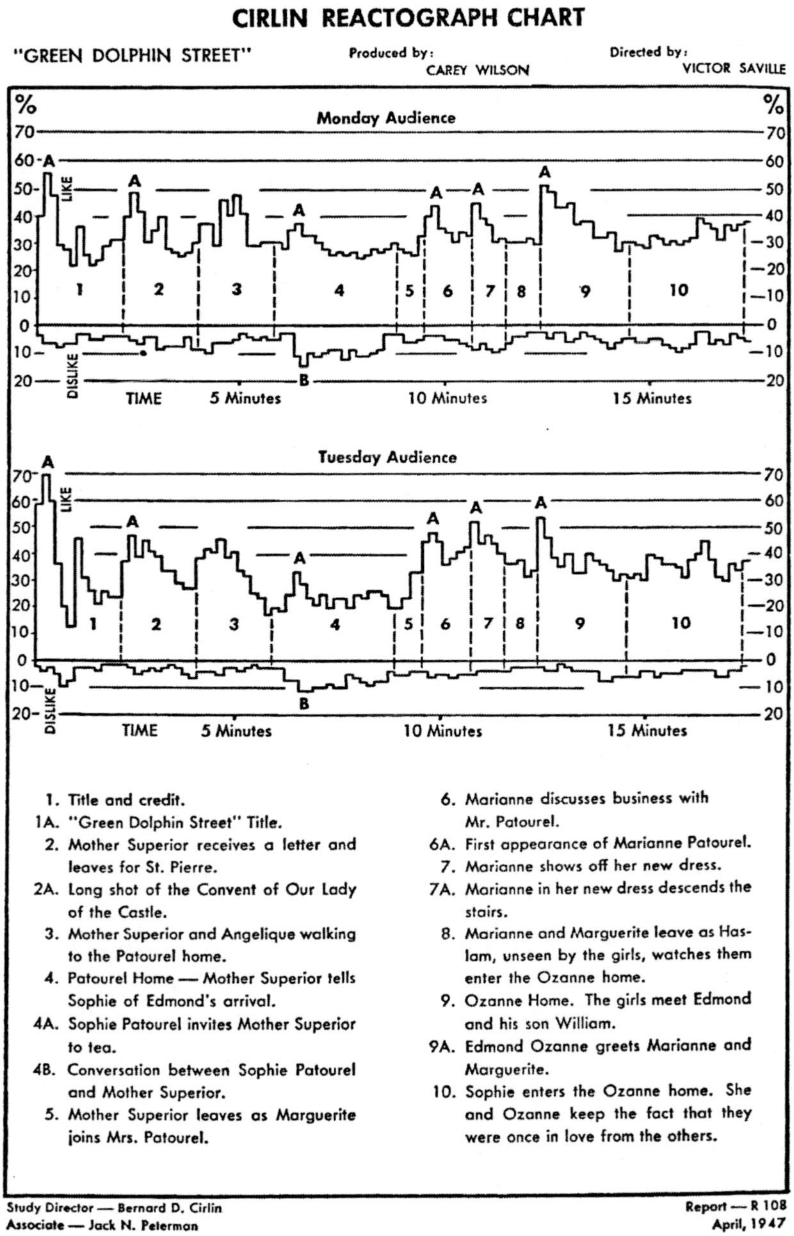

Figura 3.3. Cuadro elaborado sobre la película *La calle del delfín verde.* *Fuente:* Handel, 1950:48.

La leyenda del gráfico indica las primeras diez secuencias desarrolladas en los primeros veinte minutos del film, despiezados a su vez en diecisiete puntos concretos. Se recoge en porcentajes la satisfacción (columnas superiores) o el disgusto (inferiores) de los espectadores de dos muestras realizadas en días distintos. Llama la atención que los puntos fuertes y débiles son similares en ambas pruebas. Las reacciones y la interpretación de los resultados permitían, como se ha dicho, que el film fuera remontado bajo la supervisión del director o del productor. Huelga decir, otra vez, que métodos conceptualmente similares se utilizan en la actualidad en el cine y, sobre todo, en la industria televisiva con prácticas conocidas como el *minuto a minuto* de la audiometría.

Como tercer bloque de interés para las productoras, la MPRB también les proporcionaba indicaciones sobre cómo se puede construir la comunicación publicitaria de un largometraje. Este es un tema de mucho calado y como tal le dedicaremos atención en posteriores páginas. Digamos aquí que tanto la MPRB como la ARI desarrollaron técnicas para conocer el nivel de penetración que conseguirán las campañas publicitarias cinematográficas, tanto en lo referente al porcentaje de espectadores que "ya sabían algo" cuando vieron el film, como sobre el medio publicitario que creó el deseo de ir a verlo. En este sentido, se concibieron test para evaluar el impacto de los tráileres o el recuerdo que estos dejaban en los espectadores después de ver la película que les llevó a la sala. Significativamente, puede decirse que en 1948 la industria del cine estadounidense gastó en la venta publicitaria de las películas la muy respetable cantidad de 55,5 millones de dólares (Handel, 1950:74).

3.1.5. Fin provisional (o no)

Las investigaciones de Gallup-Ogilvy y de Handel removían cimientos de una industria tan organizativamente centralizada como era la de Hollywood. Tanto es así que, a finales de la década de 1940, las investigaciones sobre la audiencia se convirtieron en una piedra de toque de las luchas de poder en el interior de los estudios. La crítica reprochaba la dependencia que los ejecutivos de las productoras tenían de las empresas de Gallup y Handel, así como que, en sus argumentos, los informes simplifican el carácter complejo de la obra de arte que es una película. Un segundo grupo opositor estuvo formado por los actores y actrices, porque sus métodos numéricos minaban su poder en los estudios. Sin embargo, la oposición y beligerancia pública más potente se articuló a partir de los escritos de Dudley Nichols (guionista de películas tan excepcionales como *La diligencia* o *La fiera de mi niña*) y del poderosísimo sindicato de guionistas (Screen Writer's Guild); sobre todo en lo que estos consideraban que los estudios provenientes de las máquinas *televoting* y similares era una clara intrusión en su trabajo en lo referente al desarrollo de caracteres o narrativas. En opinión de Dudley Nichols y los guionistas, los informes de audiencia llevan a la perpetua mediocridad de los filmes. Cuando Gallup se equivocó en el resultado de las elecciones presidenciales de 1948, fue el fin de su empresa ARI en la industria del cine: RKO y Disney anularon los contratos que tenían. Ciertamente, ARI prometía información sobre el elemento de mayor imprevisibilidad del negocio televisivo: las reacciones de la audiencia; pero, como decían irónicamente los opositores de sus métodos, "¿por qué sabemos lo que quieren los jóvenes e ignoramos lo que desean los mayores?" (Ohmer, 1999:75).

No obstante, sería de ingenuos creer que con la desaparición de ARI se olvidaron las investigaciones sobre la audiencia. Al contrario, y más apropiadamente, ocurrieron dos cosas. Por una parte, los estudios asimilaron en sus propias organizaciones empresariales y en sus prácticas industriales todo lo referente a las campañas publicitarias, incluyendo la realización de previos, para saber cómo reacciona la audiencia. Y, por otra, la nueva generación de empresas de investigación de audiencias cinematográficas que fue apareciendo a partir de la década de 1950 aprendieron que es mejor no meter ruido y presentar sus informes con mayor discreción pública. El séptimo arte continuaba su recorrido al margen de lo que podía manchar el dinero.

3.1.6. La técnica del sneak preview *o* preview

Probablemente el axioma que afirma que "el público siempre tiene razón" es lo que está en la base del método de investigación de mercados y de audiencias más utilizado históricamente y que han sido los *sneak preview,* o simplemente *preview*, preestrenos sorpresas o furtivos de un film en una sala convencional a un público desconocedor de la película que va a ver, para de esta forma aislar las respuestas de las expectativas previas. David W. Griffith presentó *Intolerancia* en Pomona, California, con el título *The downfall of all nations*, pretendidamente dirigida por el realizador italiano Dante Giulio. Los *previews* se anunciaban en las marquesinas de los cines o en la misma prensa. Hoy en día se utiliza internet. La propia historia del cine los ha representado en multitud de ocasiones: recuérdese aquella secuencia de *Cantando bajo la lluvia* (*Singin' in the rain*, de Gene Kelly-Stanley Donen, 1952) en la que, tras el cartel de "Major studio preview tonight", los protagonistas asisten al *preview* del *talkie El caballero duelista.* Durante la proyección, el público de la sala no para de reír y hacer chanzas sobre el film. Apesadumbrados por las reacciones, el trío de protagonistas, Gene Kelly, Donald O'Connor y Debbie Reynolds, para remediar lo que se augura un desastre en las taquillas, se proponen convertir el film en un musical intercalando canciones y bailes, añadiendo escenas nuevas y cortando otras malas (y dicho sea entre paréntesis, la excitación colectiva que les produce el nuevo proyecto da paso al amor entre Gene Kelly y Debbie Reynolds y a la celebérrima secuencia en la que el primero "canta bajo la lluvia"). En dos ejemplos más recientes, los vemos aparecer en el episodio "Más allá de la cúpula del fracaso" de la serie *Los Simpson* (*Beyond Blunderdome*, temporada once, 1999), en la que el genial Homer, tras un preestreno en Springfield, "ayuda" a Mel Gibson a mejorar una secuela que está dirigiendo de *Caballero sin espada* (*Mr. Smith goes to Washington*, de Frank Capra, 1939). Y también en *Un final made in Hollywood* (*Hollywood endings*, 2002) en la que Woody Allen, entre otros aspectos, ironiza sobre los preestrenos y otros mecanismos de hacer películas en Estados Unidos y sobre las reacciones de la crítica francesa.

Lilliam Ross, en su novela periodística *Rodando con Huston. Picture* (1991), recorre el proceso de producción de *La roja insignia del valor* (*Red badge of courage*, 1951; Metro Goldwyn Mayer, luego rebautizada como Metro). Su novela va desde sus primeros pasos hasta la presentación de sus resultados económicos en la junta de accionistas. El volumen resulta extraordinariamente valioso para comprender el sistema de producción de Hollywood y, de cara a nuestros intereses en estas páginas, para evaluar la imbricación entre las decisiones de realización/producción y las respuestas del público conseguidas a partir de las sesiones previas. Ross describe que al primer *preview* asisten el presidente del estudio, el mítico Louis B. Mayer, y varios vicepresidentes, además de los productores y, por supuesto, John Huston. En el vestíbulo del cine, el director de la sala y empleados de la MGM se responsabilizaban de repartir los cuestionarios que debían rellenar los asistentes y de contar el número de los que abandonaban la proyección. Lilliam Ross recoge las preguntas del cuestionario: ¿Cómo calificaría esta película? Se ofrecían cinco alternativas: "excepcional", "excelente", "muy buena", "buena" y "regular". Las demás preguntas eran: ¿Quién le ha gustado más en la película? ¿Qué escenas le han gustado más? ¿Qué escenas, si las hay, no le han gustado? ¿Recomendaría esta película a sus amigos? Al terminar las preguntas, había nuevas y decisivas preguntas: "No necesitamos saber su nombre, pero nos gustaría conocer los siguientes datos sobre Vd.: a) varón/mujer. b) Señale su grupo de edad: entre 12 y 17; entre 18 y 30; entre 31 y 45; más de 45." (Ross, 1991:131).

Los resultados de las respuestas fueron muy negativos. Gottfried Reinhardt, productor y luego encargado de los sustanciales cambios que se hicieron en el film, "se refirió con violencia al público, a todos los públicos cinematográficos. Atacó a los quinceañeros. Atacó a todos los menores de veintiún años. Atacó a los críticos de películas y dijo que ellos eran los culpables de todo" (Ross, 1991:135). El estudio hizo otras tres *previews*; en cada una de ellas se realizaron modificaciones a lo inicialmente previsto. Una vez estrenada, *La roja insignia del valor* tuvo buenas críticas y malas recaudaciones. John Huston no quiso ver la versión que se estrenó.

En el extremo opuesto, Laurel y Hardy llevaron a las últimas consecuencias las enseñanzas de los preestrenos, hasta el punto de que cronometraban la duración de las risas de los espectadores. Con esta práctica establecían la duración media de las risas y luego remontaban la película, creando una dialéctica entre el tiempo que duraba las risas, los gags y los momentos de transición entre unas y otros, habitualmente sobre la base de las miradas a cámara de Ollie.

Son muchos los ejemplos de filmes luego convertidos en míticos que, tras su pase por los preestrenos furtivos (o los test), se han modificado, bien cambiando la duración definitiva de la película (lo más habitual), bien el final del largometraje. Una lista de vocación infinita debe incluir desde *Lo que el viento se llevó* (en la que se impidió en el *preview*, tras previa advertencia a los espectadores de que el film iba a durar 265 minutos, que nadie que saliera de la sala, aunque fuese para ir a los servicios, pudiera luego volver a ella) hasta *Recuerda* (*Spellbound*, Alfred Hitckcock 1946), desde *Corazonada* (*One from the heart*, Francis Ford Coppola, 1982) hasta *Blade runner* (Ridley Scott, 1982), ahora disponible en sus diversos finales en alguna de sus versiones en DVD. Y no dejamos al margen casos españoles como alguno de los largometrajes dirigidos por Alejandro Amenábar o Santiago Segura. No obstante, en este punto los ejemplos siempre más citados son los de *Apocalypse now* (1979) y *Atracción fatal* (*Fatal atraction*, 1987). En el primero Francis Ford Coppola no aceptó la consideración de "aburrido" con el que catalogaron a su film los espectadores seleccionados en un pase previo, y en consecuencia no modificó nada. Por su parte en *Atracción fatal*, tras los test de visionado, el final del film "fue reescrito", lo que llevó irónicamente a comentar al guionista que la nominación al mejor guion que consiguió el film en los Óscar se debía al público del test y no a su trabajo.

En la contemporaneidad, las nuevas tecnologías han llegado a los preestrenos furtivos y a otro tipo de investigaciones de los públicos cinematográficos. Hace pocos años una empresa canadiense presentó un piloto de *sneak preview* a partir de una especie de "parquímetros" colocados en el exterior de la sala y que permitían votar a los espectadores según salían de la proyección de la película. Y en otras formas encontramos MovieFone, un teléfono de servicio que, además de reservar entradas, permite hacer cuestionarios sobre los gustos fílmicos; o Hollywood Stock Exchange, que realiza operaciones similares para los que entran en las páginas cinematográficas de internet.

No son estas páginas el lugar sobre el que reflexionar sobre la íntima relación de cómo las operaciones de *marketing* y las representaciones que poseen de los públicos de cine han afectado a las prácticas fílmicas en los últimos cincuenta años. Ni tampoco valorar cómo las investigaciones de audiencia inciden en aspectos tales como los tráileres, las campañas publicitarias, los títulos o los finales, o incluso en la concepción formal y el estilo de las producciones contemporáneas. Pero ello no obsta para terminar este apartado indicando que John Farell, el mítico presidente de National Research Group, la principal empresa de investigación de la actualidad con contratos exclusivos con casi todas las *majors*, apareció con frecuencia en la lista de los más poderosos de Hollywood que establece la revista *Premier*.

4
Las campañas publicitarias en las producciones cinematográficas

En este capítulo se introduce un estudio de caso muy paradigmático en la cinematografía española, que repara tanto en la promoción como en la campaña de comunicación del largometraje *Bienvenido, Mister Marshall* (Luis García Berlanga, 1953). Además se aborda un recorrido por los públicos cinematográficos y, en concreto, aquellos que son ejemplo de la frecuencia del público español a las salas y la circulación de las imágenes sociales que el cine español genera.

4.1. Campañas de comunicación y publicitarias

Y llegamos al día en que ya se han realizado los test y previos y el film se puede dar por terminado. Sin embargo, nadie puede creer que el productor haya terminado su trabajo. ¿Qué se puede hacer con respecto al estreno del film? Puede ocurrir que el productor sea destacado y pueda establecer la fecha y, en consecuencia, deba elegir una con las mejores opciones de llegar a los públicos a los cuales se dirige. Paralelamente, deberá calcular el número de copias con las que el film sale a las salas para confrontarse con el público y, por tanto, conseguir el resultado económicamente más adecuado. Huelga decir que lo anterior no deja de ser un desiderátum del productor. El mercado cinematográfico no funciona de esa manera tan de laboratorio y casi siempre el productor tendrá muy pocas posibilidades de negociar con otros agentes, tanto la fecha de estreno como indirectamente el número pantallas que acogerán el film y, por ello, el número de copias.

Con la finalidad de resolver las preguntas anteriores, es obligado tener una valoración sobre la estacionalidad del consumo del cine en salas. Es decir, asumir que en unos meses del año la gente va más al cine y en otros se encuentra más retraída para ir a las salas. Es lo que podemos denominar temporada alta o baja del consumo cinematográfico (un factor adicional de notable importancia nos llevaría a conectar la asistencia a salas con otros factores externos como los grandes acontecimientos deportivos, como las copas mundiales de fútbol, pero esa es "otra historia"). Las recaudaciones de taquilla proporcionan datos históricos que indican que en la actualidad la temporada alta la constituyen los meses de diciembre y agosto, y la temporada baja los meses de mayo y junio, que coinciden con el periodo de exámenes escolares. No obstante, existen diferencias de los perfiles hegemónicos entre ambos meses de temporada alta: diciembre exige largometrajes familiares; por su parte, agosto, coincidente con las vacaciones de casi todo el mundo, necesita filmes que posean dosis de espectáculo. Los meses que se han convertido en los característicos para los estrenos españoles son de medio-bajo consumo, como son los de marzo-abril –en marzo se estrenó *Ocho apellidos vascos* (Emilio Martínez Lázaro, 2014)– y los de septiembre-octubre –en octubre llegó a las salas *Lo imposible* (Juan Antonio Bayona, 2012).

El número de copias disponibles para las pantallas en que se estrena el largometraje es un elemento básico que determinará los recursos disponibles para las campañas publicitarias. Para dilucidar el número más pertinente, es habitual que productoras, distribuidoras, etc., se subscriban a los sondeos que establecen empresas sobre una estimación de las recaudaciones y de las audiencias con la celeridad de días. De esta manera, el sábado posterior al estreno del viernes, y desde luego el lunes, ya se disponen informaciones indicativas sobre el funcionamiento en taquilla del fin de semana, por ejemplo, en plazas clave como Madrid y Barcelona. Estos sondeos suelen ser reproducidos por los medios de comunicación. En industrias sofisticadas como la estadounidense, que mal que bien establecen las pautas del funcionamiento del resto de la industria, las estimaciones realizadas sobre las recaudaciones conseguidas en la taquilla el primer fin de semana constituyen un componente central para el estudio de las operaciones de planificación comercial y lanzamiento de los sucesivos filmes. Se hacen cuadros que cruzan el número de copias con las que una película sale al mercado y el dinero que recauda esos primeros y decisivos días. En España, por mimetismo, se establecen estudios similares, a pesar de que su incidencia en las políticas cinematográficas sea mucho menor. No obstante, el cociente entre la recaudación conseguida y el número de copias de la salida da referencias muy útiles para estudios posteriores. Fijémonos en el cuadro 4.1, que nos puede servir de referencia respecto a algunos largometrajes españoles característicos de 2014 y 2015. Podrá comprobarse que una recaudación por copia en torno a los 4.000 euros puede ser considerada un buen resultado.

Cuadro 4.1. Recaudación de algunos largometrajes españoles de 2014 y 2015

Título	*Fecha de estreno*	*Copias de estreno*	*Recaudación primer fin de semana (en euros)*	*Recaudación por copia (en euros)*
Perdiendo el norte	6/03/2015	286	1.215.000	4.248
La isla mínima	26/09/2014	195	948.017	4.862
El niño	28/08/2014	648	2.915.634	4.500
Magical girl	17/10/2014	38	40.401	1.063
Torrente 5	3/10/2014	792	3.714.085	4.690

REC 4: Apocalipsis	31/10/2014	287	493.575	1.720
Ocho apellidos vascos	14/03/2014	348	2.839.271	8.159
Relatos salvajes	17/10/2014	196	512.160	2.613

Fuente: el blog del cine español (www.elblogdelcineespañol.com, consultado el 28 de marzo de 2015).

Dicho lo anterior, debe subrayarse que la principal operación que debe realizar el productor es determinar el plan de medios (la campaña publicitaria en un sentido genérico) para que el largometraje sea conocido entre su público potencial. La campaña publicitaria se construye a partir de la planificación de muchas variables, tales como las apariciones en los medios de comunicación, los preestrenos institucionales, los anuncios pagados, los tráileres, las entrevistas promocionales o las características del cartel del film. Busca, en pocas palabras, que la gente pague la entrada y "compre" la película como valor que tal vez pueda extrapolarse a otros momentos de la vida comercial posterior, como cuando se produzca su salida en televisión o en DVD.

A pesar de la sencillez de los enunciados anteriores y del dinero y esfuerzo que se hace, lo cierto es que no hay comentario más repetido en los lares del cine español que aquel que dice que "la promoción es una asignatura pendiente". Algunos lo tienen muy claro. En *Academia. Revista de Cine,* órgano de la Academia de las Artes y las Ciencias de España, se dedicó un número monográfico con el título "La promoción. Una pieza clave". En sus páginas, Agustín Almodóvar, productor de El Deseo, escribe unas reflexiones amplias de las distintas acciones y verdaderamente muy útiles para la comprensión del proceso. Dice:

> Consideramos la promoción como una prolongación lógica de la película, por tanto entendemos que dicha promoción debe ser muy coherente con la obra que se quiere lanzar. Para nosotros se trata de una cuestión moral. No queremos engañar al espectador, sino motivarle y animarle a que se acerque a nuestra historia sin prejuicios (...). En general somos muy cuidadosos con todos los materiales de promoción y empleamos mucho tiempo y recursos en su consecución (*Academia. Revista de Cine* n.º 201, junio 2013).

En páginas anteriores nos hemos hecho eco de un hilo argumental que establece las diferencias entre el cine norteamericano y el europeo o español, a partir no tanto de las distintas capacidades productivas que despliegan uno u otro, sino sobre todo en las desemejantes cualidades a la hora de promocionar/vender sus películas. Pero no nos engañemos, estas posibles diversidades vienen de muy lejos y tienen que ver con que el capitalismo estadounidense se genera en el interior de una sociedad de masas y consumo, mientras que las cinematografías europeas nacen en un marco social y económico muy distinto. No es, pues, ocioso recordar que la comunicación publicitaria como parte del conjunto del ciclo de producción comienza a estar presente en el quehacer de la industria norteamericana a partir de los años diez del pasado siglo.

Existen, empero, algunas singularidades de la comunicación publicitaria cuando se aplica al cine que, de hecho, funcionan como lastre cuando se habla de cine español. Y ello porque el modelo más característico de aquella se concibe en el doble objetivo de conseguir que el consumidor compre el producto en concreto, pero también que venda la marca y los valores y placeres adicionales que van unidos a ella, por ejemplo, los estilos simbólicos de vida que trasmite un determinado producto. De hecho, se sabe que en las sociedades contemporáneas la marca se revela igual o incluso más decisiva que el producto en sí mismo. Sin embargo, como tantas veces se ha dicho, en la actividad cinematográfica, ¿cuál es la marca? Tal vez pueda ser la productora, sobre todo en lo que significa líneas de producción continuada con determinados géneros. Puede recurrirse, por ejemplo, al celebrado caso de Elías Querejeta P.C. o, en el campo de la televisión, a la norteamericana HBO. Pero parece inevitable indicar asimismo que hoy día la productora, salvo para reducidísimos sectores del público, no añade ningún valor significativo al producto-film. En suma, que parece más adecuado circunscribir el valor de la marca "cine" a otros valores como el prestigio o la especialización de la misma sala de exhibición, el director del film, las estrellas que intervienen, el registro genérico del film o incluso a conceptos más etéreos como la misma noción de cinematografía nacional, tal como ocurre con el valor añadido que posee el "cine norteamericano" para amplios segmentos de la población o, para otros, el cine en versión original, el europeo o el cine español.

Visto lo dicho, la comunicación publicitaria en cine, además de intentar que la gente pague la entrada para consumir una película concreta, intenta satisfacer las expectativas previas de la audiencia con respecto a la marca, sea cual sea esta (una pantalla gigante, un sonido excepcional, una tradición cultural o estética, una cinematografía...), con el fin de garantizar "demandas" futuras.

Si la productora debe establecer su propia idea del público al cual dirige la película, un elemento central para ello consiste en la manera en que las prácticas de consumo son informadas por estrategias de *marketing*. Con ellas no se trata, pues, solo de pagar una entrada, sino también que se fijen las maneras en que se recibe la película. Justamente, ese último aspecto ha sido remarcado desde la práctica profesional por las empresas dedicadas a la promoción del film, que con frecuencia laboran como servicios complementarios de la actividad de la productora. Así lo explicó en unas declaraciones Rafa Fernández, uno de los profesionales del *marketing* y promoción de películas de mucho recorrido en el mercado español en la etapa preinternet y encargado de la promoción de filmes realizados por Mario Camus, Vicente Aranda, Isabel Coixet, Manuel Gutiérrez Aragón o Pilar Miró, entre otros: "Para mí, el trabajo comienza cuando leo el guion o veo el vídeo para hacer un análisis del producto y traducirlo después, en términos periodísticos, a un texto informativo que empieza a difundir los datos más elementales, con la finalidad de ir lubricando la recepción posterior del film" (Carlos F. Heredero, 1994:23).

Desde otra perspectiva, la comunicación publicitaria parte de la premisa inicial de que, si ningún producto va dirigido al conjunto de la población, es necesario acotar el público al que va dirigido. En otras palabras, si la base de las estrategias promocionales en el cine parte de que los consumidores-espectadores de un film concreto no son el conjunto de la audiencia, la primera decisión sería establecer el mercado de cada película a determinados perfiles de consumidores. En palabras de Charo Ema, una de las primeras profesionales que en España crearon un gabinete de comunicación y promoción de películas y hoy dedicada a otros menesteres: "Durante el rodaje vas posicionando el producto en el mercado. Después, con el film terminado, qué es lo que quieres vender, qué quieres subrayar o soslayar, qué público se necesita y como dirigirse hacia él" (Heredero, 1994:23).

Hoy día, la irrupción de las redes sociales como fenómeno comunicativo ha establecido prácticas diversas en las estrategias promocionales de las productoras. Sin embargo, las campañas digitales no suponen un cambio cualitativo con lo que se ha venido haciendo durante décadas. Estudiemos, ahora, un caso de campaña de publicidad de un periodo histórico distinto que el presente para con ello observar cómo funciona lo verdaderamente sustantivo del proceso comunicativo/publicitario que combina la producción con el consumo. Nos fijaremos en la campaña publicitaria y promocional de *Bienvenido Mister Marshall* (Luis García Berlanga, 1953), muy probablemente el film español que de una manera más pregnante anida en el imaginario cinematográfico de los públicos hispanos.

Desde la atalaya de la contemporaneidad, el análisis de las campañas publicitarias del pasado resulta especialmente atractivo, porque con él se comprueban mejor que en el presente las diferencias cualitativas de las campañas según su aplicación a las distintas ciudades; lo que de cara a nuestros intereses significa que los gestores de la campaña consideran la existencia de públicos diferenciados según mercados. Obviamente, en este hecho coadyuva, ya lo hemos dicho, que hasta épocas muy recientes no existían lanzamientos compartidos en muchas salas, por lo que las campañas publicitarias podían y debían ser ideadas con una cierta singularidad, pero el efecto consiste en que el analista puede evaluar más adecuadamente que en el presente las relaciones que los públicos de cada ciudad mantienen con una determinada película.

4.1.1. Estudio de un caso: Bienvenido, Mister Marshall

Un pequeño preámbulo. A diferencia de lo que ocurre hoy en día, en que las campañas están frecuentemente organizadas y gestionadas por empresas especializadas, a primeros de los años cincuenta del pasado siglo se realizaban a partir de la mixtura de intereses de la productora, de la distribuidora y las mismas salas de exhibición. No se piense que en esos años la publicidad cinematográfica era una actividad económicamente reducida. A pesar de que no existen trabajos que nos permitan cuantificar las inversiones que la industria del cine aplicaba a la publicidad en los medios, cualquier trabajo en las hemerotecas nos indica los esfuerzos que realizaban para llegar y vender sus productos al público. En el caso de *Bienvenido, Mister Marshall,* la productora (Uninci), la distribuidora (Cicosa) o las empresas exhibidoras establecieron unas campañas publicitarias enormemente ambiciosas y, si atendemos al número de recursos que se utilizaron, costosa. Para que el lector se haga una idea, el lanzamiento de la segunda película dirigida por Luis G. Berlanga no tendría nada que envidiar a los lanzamientos actuales que se hacen de las películas acontecimiento, sean estas norteamericanas o españolas. Puede mencionarse como único ejemplo que el film tuvo anuncios diarios en todos los rotativos de Madrid y Barcelona desde quince días antes del estreno en ambas capitales y siete días en Valencia y Sevilla. La misma prensa de la época indicaba, no sin una cierta sorpresa, la singularidad de la salida al público de la película en unas palabras que suenan a actuales:

> Hemos de congratularnos de que, por una vez desde hace muchos años, se haya dado también importancia al lanzamiento de una película española, otorgándole los mismos honores de presentación que se han procurado para sí los numerosos filmes extranjeros con los que aquella va en competencia. Después podrá o no gustar esta cinta, como pueden complacerle o no las producciones de otras nacionalidades. Pero la nota simpática (que esta vez ha sido un verdadero do de pecho), ya se la llevan la película y sus lanzadores. ¡Qué sirva de ejemplo! (*Dígame*, 7/IV/1953).

A pesar de que se conoce que el militante comunista, el valenciano Ricardo Muñoz Suay, fue el impulsor de la campaña, él se encargó, por ejemplo, de la redacción del *press book*, tan decisivo en establecer guías de lectura para la recepción crítica, y fue suya la idea del dólar con las imágenes de Carmen Sevilla, Manolo Morán y José Isbert en lugar de los rostros de los presidentes norteamericanos (Pérez Perucha, 1981:57). Sin embargo, todavía se ignoran muchos aspectos importantes, tales como el papel que desempeñaron la distribuidora o las salas en las campañas locales o la manera en que fraguó la campaña internacional (francesa) previa y durante el Festival de Cannes. Y el elemento decisivo en forma de pregunta: ¿Quién decidió la planificación temporal y eventualmente de los medios empleados en la campaña?

Figura 4.1. Reproducción de los dólares con las figuras de los protagonistas de *Bienvenido, Mister Marshall*, que se entregó al público del estreno y del Festival de Cannes.

La campaña publicitaria de *Bienvenido, Mister Marshall*, como se ha apuntado más arriba, fundamentalmente se basó en anuncios en la prensa. No se hicieron anuncios radiofónicos o tráileres de la película, pero sí existen testimonios del uso publicitario que se dio a otros soportes, como la célebre reproducción de un dólar que se entregó a los asistentes al estreno en Madrid y en el Festival de Cannes (figura 4.1), o el uso de los medios en exteriores (vallas, diríamos hoy día): se colocaron enormes carteles en la Gran Vía y en la entrada a Madrid por la carretera de La Coruña y en la Puerta de Toledo que, de una manera muy simple, indicaban "Bienvenido, Mister Marshall" .

Como dicen los cánones clásicos del *marketing,* se concibió como una campaña breve e intensa que garantizaba el impacto masivo en la localidad del estreno (entre una semana y dos, según la importancia de las plazas cinematográficas). Y una poscampaña de mantenimiento, presente en los medios impresos todas las semanas que el film estuvo en cartelera.

Todo ello no fue obstáculo para que, meses antes de que se produjera el estreno oficial, en *La Actualidad Española*, semanario de información general y prurito cultural de pretendida cobertura estatal dirigido por Antonio Fontán, publicara el 8 de enero de 1953 una página de humor gráfico con premoniciones jocosas sobre el año que comenzaba. El lector se encontraba con una viñeta con la leyenda: "Un hallazgo colosal tendrá el cine nacional". Y un dibujo de una pareja de bailadores de flamenco y una cámara cinematográfica. Ninguna referencia del título en cuestión o de indicaciones que permitieran alguna identificación, ocultismo que permite interpretar el calendario, tanto como una simple filtración de un amigo como por parte de un proyecto de una campaña. Naturalmente, y si aceptamos la posibilidad de esta última posibilidad, es fácil reconocer en la viñeta del gráfico la estrategia de publicidad que se denomina de "campaña enigma", es decir, aquella que se plantea intentando llamar la atención y despertar el interés del público por algo desconocido. Y eso que el repaso mental a los estrenos de filmes españoles de los años previos llevaría a considerar que, para la gran mayoría del público lector de la revista, el "hallazgo colosal" no dejaba de ser una enorme hipérbole propagandística.

El plan de la campaña en prensa de *Bienvenido, Mister Marshall* combinó las estrategias publicitarias de venta de un producto –el que el público fuese al cine a ver la película– con otras estrictamente promocionales, unidas al campo simbólico de la marca –la "creación de un estilo o sensación", principalmente una determinada concepción del cine español, en el contexto europeo. Siguiendo los cánones de actuación publicitaria más convencionales, se hicieran varios pases promocionales en Madrid "a muy reducidos grupos de curiosos y aficionados" (*ABC*, 4/III/1953).

Las pautas centrales de la campaña publicitaria se articularon en dos tipos de formatos. En primer lugar, utilizaron la llamada publicidad redaccional, unos textos equivalentes a notas de prensa y conceptualmente similares a las informaciones que en la actualidad inundan los suplementos dominicales antes del estreno de las películas. Estos sueltos informativos o comunicados sin firma, de unas diez líneas de extensión y que en ocasiones aparecían ilustrados con una fotografía del film, se revelaron útiles para guiar las opiniones de la crítica y de los segmentos de la audiencia más motivados, capaces por ello de activar las interpretaciones del boca a boca. En segundo lugar, se emplearon anuncios en tamaños diversos –en ocasiones podían ocupar una página completa– que se presentan al lector claramente como publicidad, con distintas apelaciones a los espectadores, para crear con ellas las expectativas que lleven a pagar la entrada y, quizá, las satisfacciones conseguidas una vez visionado el film.

La película se estrenó en Madrid el 4 de abril de 1953 en el cine Callao, Sábado de Gloria en la terminología de la época, Sábado Santo en la actual. La sala y el día de estreno, siguiendo el hilo narrativo que desarrollamos más arriba, coadyuvaron a su prestigio social. Puede observarse cómo esos valores intangibles son recordados en los comentarios de los críticos, que no dejaban de valorar que una película española compartiera cartelera con nueve películas extranjeras. Y, por supuesto, ese valor es remarcado por las campañas publicitarias: "Presenta hoy, precisamente hoy, Sábado de Gloria, fecha siempre dedicada a los mayores acontecimientos cinematográficos" puede leerse en el encabezamiento del anuncio reproducido en el del *ABC* del día del estreno.

En los años cincuenta del pasado siglo, en la España de la dictadura de Francisco Franco, el Jueves Santo y el Viernes Santo los espectáculos públicos como el cine dejaban de exhibir películas o se proyectaba en decenas de cines la misma oferta fílmica, recomendada, por supuesto, por la "autoridad eclesiástica" tipo –en ese año, *El mártir del calvario* (Miguel Morayta, 1952) o *El Judas* (Ignacio F. Iquino, 1952). Con estos pocos datos podrá vislumbrarse la importancia social de salir a las pantallas el Sábado de Gloria. En la época, el renombrado crítico Luis Gómez Mesa lo indicaba: "El vecindario de nuestra capital, que cuando se trata de solazarse –y ninguna fecha mejor que el Sábado de Gloria– guarda cola con sonrisa de complacencia, ante las taquillas, sin importarle nada el coste de las localidades y si la espera es corta o larga" (Luis Gómez Mesa, *Arriba*, 5/IV/1953). La industria del cine, que consideraba razonablemente ese día como el más importante del año, guardaba para esa fecha algunos de sus más emblemáticos títulos. Sin ir más lejos, en el año de 1953 se estrenó *Cantando bajo la lluvia*. Por eso el estrenar cine español el Sábado de Gloria era una reivindicación ancestral de la industria nacional y, en los casos en que no se producía, la crítica lo lamentaba amargamente.

Los primeros días la campaña sigue rutas convencionales. Los sueltos informativos, los anuncios o ambos formatos combinados, se plantean como primer enganche para los públicos, y la venta de las estrellas que participan en el film –lo que indirectamente también sirve en un segundo paso para centrar al espectador en las claves del género comedia–, inicialmente Lolita Sevilla, tanto en los anuncios –en una composición visual característica que aparecerá en todas las ciudades y que inevitablemente se asocia a la noción de cine folclórico– como en los sueltos: "Lolita Sevilla es la gran belleza de nuestro cine y su arte llegará a ser conocido en todas partes. Su intervención en *Bienvenido, Mister Marshall* es un derroche de gracia y sus magníficas condiciones de cantante encuentran en la trama de la película oportunas ocasiones de lucimiento" (*Arriba*, 25/III/1953). Pero inmediatamente se comienzan a usar las figuras de José Isbert y Manolo Morán. Por ejemplo, sobre este último se podía leer: "Manolo Morán, el archipopular y graciosísimo autor español, logra la más brillante y jocosa de sus interpretaciones" (*Pueblo*, 28/III/1953). Y no se olvida a Fernando Rey, tan solo voz en *off* en la película: "El magnífico galán de nuestra pantalla Fernando Rey nos cuenta una graciosísima historia" (*El Alcázar*, 28/III/1953). Y con una cierta sorpresa, al mismo Luis García Berlanga, que debe indicarse en ese momento no había estrenado su primer largometraje: "Luis García Berlanga ha plasmado estupendamente en el celuloide, muy bien ayudado por un plantel de artistas" (*Arriba*, 28/III/1953).

En un momento, coincidiendo temporalmente con la semana de pasión, la campaña publicitaria inicia una segunda fase. En ocasiones con extraordinario ingenio, como en el suelto que apareció en *Arriba* el martes día 31 de marzo y que puede ser considerado como una genialidad:

> Las noticias que recibimos de la simpática población andaluza de Villar del Río dicen que acaba de llegar la formidable cantante andaluza Carmen de Vargas, acompañada de su ilustrado representante, Manolo. Los populares visitantes piensan descansar unos días en Villar del Río y permanecer huéspedes del señor alcalde hasta el Sábado de Gloria, fecha que asistirán al estreno de *Bienvenido, Mister Marshall*, la formidable película dirigida por Luis García Berlanga que tiene como protagonista a Lolita Sevilla, Manolo Morán y José Isbert (*Arriba* 31/III/1953).

Lo más especial de esta segunda fase consiste en que se diseña vendiendo al público la idea de la excepcionalidad que posee *Bienvenido, Mister Marshall* en el contexto español, e inmediatamente su misma cualificación en el marco europeo. Para ello se utiliza la presencia del film en esos días en el concurso del Festival Cinematográfico de Cannes. De hecho, las primeras menciones a su presencia en Cannes se producen el 1 de abril, pero ya en los días anteriores se dicen cosas como: "Europa entera la pide" y se recoge una opinión elogiosa de Cesare Zavattini, "la máxima figura del cine italiano" que, asimismo, apunta el carácter singular del film: "Con ella puede iniciarse el camino del cine español", señala el director italiano en diversos anuncios aparecidos los días 28, 29, 30 y 31 de marzo.

Lo cierto es que la campaña da un giro considerable, con independencia de que este haya sido diseñado con anterioridad o fuese motivado por la presencia del largometraje en Cannes. Si en un primer momento la campaña está dirigida fundamentalmente a los públicos amantes del cine folclórico y de la comedia española, y por ello el uso de las estrellas en los anuncios de los diarios, ahora se trata de llegar a otros públicos con diversas expectativas: la película como parte del cine, como forma de expresión culta y capaz de desbrozar un nuevo camino para un cine español plenamente equivalente al cine europeo. Los sueltos de la nueva fase tenían, según diarios, algunas modificaciones, y a lo que ahora y aquí nos interesa, en ellos se establecían perfiles de públicos y guías de lectura e interpretación del film que posteriormente fueron recogidos por la crítica y en los primeros acercamientos. Unos ejemplos: "*Bienvenido, Mister Marshall* es todo un nuevo estilo cinematográfico en el séptimo arte de España" (*El Alcázar*, 31/III/1953), "*Bienvenido, Mister Marshall* gana un nuevo camino de expresión y una superior calidad... asombra con la ironía de esta película única" (*Arriba*, 1/IV/1953). "*Bienvenido, Mister Marshall* dentro ya de una general tónica de cine europeo sin dejar de ser una película eminentemente española por su fondo, por su forma y por su gracia" (*Ya*, 2/IV/1953).

Con respecto a los anuncios, en esta fase aparecieron diversos modelos, los de las figuras 4.2 y 4.3:

Figura 4.2. *Arriba,* 31 de marzo de 1953.

Pero en los dos anuncios se perciben algunos cambios sutiles. Ambos utilizan la misma ilustración descriptora y narrativa del film: Manolo Morán, con cartera en la mano, gesto de la uve de la victoria y chaqueta de cuadros asimilada a una cierta estética estadounidense (sobre todo remarcada en el anuncio de *Arriba)*. Pero los titulares del anuncio, obviamente conceptuados para atraer la atención, son diversos: en uno (figura 4.2) antecede el título de la película y en el otro las pancartas de "Welcome, Bienvenidos, Hola" (figura 4.3). Pero el cambio no es baladí: ¿Tendrá que ver que el primero se publicó en *Arriba*, órgano, habrá que recordarlo, de la Falange Española –y como tal se reflejaba con orgullo en su cabecera– y cuyos lectores podían ser más sensibles a las lecturas antiamericanas que los de *Ya*, diario católico y más de orden?

Figura 4.3. *Ya,* 2 de abril de 1953.

La pregunta no es retórica, pues los manuales de publicidad indican que los titulares, con la finalidad de conseguir la atención y el interés buscado, deben concebirse para ser leídos en conexión con la ilustración, y con ambos elementos lograr un sentido completo a las imágenes y las palabras. El llamamiento de los titulares puede servir para seleccionar un determinado grupo de espectadores; por ejemplo, cuando se utilizan las fuentes de autoridad presente en las informaciones "propagandísticas": el que "¡Europa entera la pide!. Usted comprobará por qué" y Cesare Zavattini: "Con ella puede iniciarse el camino de un nuevo cine español". El propósito de la ilustración, claro está, consiste en llamar la atención y el interés. Pero los titulares del cartel, como se dice en los cánones clásicos, se conciben para indicar una promesa, un pacto con lo que el espectador va a encontrar en el visionado. Lo que nos sirve para analizar en conjunto la serie de los dos anuncios en la semana previa del estreno. En ambos se juega con los mecanismos de reconocimiento y expectativas que suponen los actores; fundamentalmente se utiliza a Manolo Morán y en menor medida a José Isbert y Lolita Sevilla; huelga decir que en el caso de los actores predominaba el registro popular y cómico y en el caso de la cantante el folclórico. Por ello la imagen global de los carteles indica una adscripción de la película a la comedia; mucho más si observamos las representaciones que hacen del desfile, con o sin banda musical según los figuras, que para nuestra cultura siempre trasmite fiesta.

Los anuncios del 1 y 2 de abril incorporan algunas de las lecturas e interpelaciones ideológicas que luego veremos, pero aminoradas en su carga. El primero (figura 4.4), por cierto, fue el que se reprodujo con leves modificaciones en el reestreno de la película en diciembre de 2002 (figura 4.5).

Figura 4.4. *Arriba,* 1 de abril de 1953.

El anuncio de la imagen del Tío Sam se encuadra en una visión completa del film en la que todavía prevalece, en el primer plano de lectura del anuncio, una interpelación sobre la base del género de la comedia. Se propone una lectura del anuncio como comedia y estrellas, y arriba, el pueblo que recibe el maná del Tío Sam está aislado. Modélicamente nos habla de dos lecturas de la película para otros tantos tipos de público: los que buscan reírse y a los que el visionado les dará otra cosa: "¡A sus amigos y a sus detractores el cine español ofrecerá una gran sorpresa!" indica el texto del anuncio.

Figura 4.5. *El Mundo,* 19 de diciembre de 2002.

El día del estreno se realiza un nuevo cambio en los procesos comunicativos. En algunos diarios a página completa y en otros de tamaño más reducido, aparece el anuncio que inaugura una nueva serie; obsérvese tal como apareció en el diario ABC en esa época (figura 4.6), si se puede decir, órgano oficioso de las opiniones de las clases económicas más favorecidas.

El anuncio da entrada a nuevas propuestas comunicativas que interpelan al espectador de *Bienvenido, Mister Marshall* desde posiciones de ideología cultural y, más llamativo, de pensamiento político. No es, por supuesto, un tema baladí que el proceso de construcción del film como evento social, primera fase de su legitimación histórica, tenga como uno de sus basamentos la lectura ideológica antiamericana que debe hacerse del film, bien para los sectores de la izquierda falangista, bien para los conatos de oposición democrática de raíz comunista. Y, desde luego, no puede obviarse el "horizonte de expectativas" con el que, en una España autárquica, todavía sin embajador estadounidense, puede ser recibida la mayestática figura del Tío Sam sonriendo malévolamente y con la cartera abierta tirando dólares.

Desde otra perspectiva, el anuncio juega con otros conocimientos e ideas preconcebidas del público sobre el cine de la época: "¡No, no es una película del oeste!", "¡Qué va a ser una película histórica!", "Desde luego no es una película neorrealista", "¡No, tampoco es una película folkórica!". No se trata aquí de remarcar el curioso juego asociativo que se establece entre sus cuatro negaciones y la foto que en cada caso la ilustra; más bien nos interesa resaltar el posicionamiento que establece la película frente a los conocimientos e ideas preconcebidas del público. *Bienvenido, Mister Marshall* fija en el texto del anuncio, y en contraposición a sus negaciones, el territorio sobre el que debe recibirse e interpretarse como film: "La película que el cine español ofrece como una gran sorpresa a sus amigos y a sus detractores".

Figura 4.6. *ABC,* 4 de abril de 1953.

En román paladino, el anuncio de la figura 4.6 propone a los espectadores que, con el visionado de *Bienvenido, Mister Marshall,* verán un cine español renovado y no aquel que esperan aquellos a los que no les gusta el cine español –el cine folclórico de las españoladas o el histórico de los sueños imperiales– ni el que imita a géneros o movimientos cinematográficos exógenos –sea wéstern o neorrealismo italiano. La película de Berlanga se declara como otra cosa, "una gran sorpresa", aunque todavía no se sepa qué será esa nueva cosa. La crítica y los anuncios de la poscampaña de mantenimiento después del estreno lo indicaron. Recuérdese que, a diferencia de lo que acaece hoy día, el circuito de consumo de una película se extendía, literalmente, a varios años y, en consecuencia, la poscampaña cumplía funciones que no pueden asimilarse mecánicamente a lo que en la contemporaneidad ocurre con las salidas del film en la televisión de pago, el DVD o la televisión gratuita.

Las primeras acciones de la poscampaña de mantenimiento publicitario remarcan el suceso de la película, y lo hacen tanto en los textos de los anuncios –"El mayor éxito del Sábado de Gloria", tal como puede leerse en uno aparecido el martes 7 de abril en *Dígame*– como en los sueltos promocionales –"El público aplaudió al final de la proyección y la crítica, la auténtica crítica, la elogió unánimemente" (*Pueblo*, miércoles 8 de abril). Más tarde, y una vez confirmadas las expectativas de buenas recaudaciones que podían tener la productora y la distribuidora, la aparición de las críticas favorables y otros indicios establecían el carácter de evento mediático en que se estaba convirtiendo el film.

Es este el sentido de los anuncios aparecidos en la prensa madrileña el domingo 12 de abril en que, prescindiendo de toda ilustración y convirtiendo el habitual espacio de esta en un largo texto, establecía las claves de lectura a la par que contracrítica de lo que se había escrito.

El más exuberante de los anuncios se publicó a doble página en el *ABC*.

En primer lugar, obsérvese que la nómina de las autoridades que siguen al titular "La crítica, las letras y el mundo europeo del cine han visto así *Bienvenido, Mister Marshall*", la encabeza Antonio Buero Vallejo, antiguo encarcelado político y ganador, con *Historia de una escalera*, del prestigioso premio teatral Lope de Vega, y luego continúa con Edgar Neville, liberal republicano transmutado en franquista, diplomático y vividor de la alta cultura de la época y director de la otra película española a concurso en el Festival de Cannes de ese año –*Duende y misterio del flamenco*; Carlos Fernández Cuenca, crítico del diario *Ya* y el historiador cinematográfico más sólido del franquismo; Amparo Rivelles, parte de una casi ancestral familia del teatro español y en aquel momento una de las macroestrellas nacionales, con una obra teatral en la cartelera cinematográfica del momento; Cesare Zavattini y Alberto Lattuada, cineastas italianos militantes del neorrealismo de cepa democristiana, o Alfredo Marquerie, activo participante en la vida cultural de la época que titula sus palabras con el muy explícito: "El genio dormía". Antes se había podido leer asertos tales como: "*Bienvenido, Mister Marshall* es una de las pocas películas que honran al cine español y a la inteligencia española" (Buero Vallejo), "*Bienvenido, Mister Marshall* es una de las mejores películas hechas en España (Edgar Neville), "*Bienvenido Mister Marshall* es una de las pocas películas auténticas e inconfundiblemente españolas que hemos visto en los últimos años" (Carlos Fernández Cuenca).

Termina el anuncio publicitario con otro texto directamente dirigido a los posibles espectadores: "Solamente usted falta por proclamar *Bienvenido, Mister Marshall* como la película más inteligente, divertida y nueva del cine español". En suma, los productores o el distribuidor del film subrayan en la publicidad casi todos los fundamentos que se utilizarán en los discursos históricos: evento cultural y social, repercusión europea de la película y la película más nueva del cine español. La campaña de mantenimiento continúa con anuncios que periódicamente recuerdan su presencia en la cartelera y su éxito.

Figura 4.7. *ABC*, 26 de abril de 1953.

Obsérvese en este anuncio del *ABC* (figura 4.7) de su cuarta semana en cartel que, pese a que en ellos las ilustraciones vuelven a conectar el film con la noción de comedia, algo que nos indica que los responsables de la campaña desean llegar a los nuevos públicos por la vía de su interpelación como simples espectadores cinematográficos, los titulares continúan por una ruta de fuerte raigambre nacionalista: "La película que inicia una época en el cine español", se lee en el primero y se añade unas palabras de Jean Cocteau, presidente a la sazón del jurado en el Festival de Cannes: "Cómo no amar a España después de ver una película como esta".

4.2. Demografía del público. La composición social de la audiencia

Existe otra etapa en la que el productor tiene que pensar cómo continuar con su trabajo y mejorar el conocimiento del público consumidor. Ya hemos comentado que asociaciones profesionales de productores e instituciones públicas han venido ofertando desde hace décadas informaciones estadísticas y observatorios de comportamiento de los públicos cinematográficos, concebidos desde su origen como herramientas útiles para los agentes de la industria. Por ejemplo, la *Database on admissions of films released in Europe,* colaboración del transnacional Observatorio Europeo del Audiovisual/European Audiovisual Observatory (OBS) y del Programa MEDIA, plantea un uso de sus datos a los propietarios de los derechos (habitualmente los productores) que les permita conocer el funcionamiento económico en un contexto internacional de los filmes. Igualmente es así en el informe anual *Theatrical market statistics* elaborado por la MPAA, que proporciona informaciones sobre la composición social de los públicos con la finalidad de facilitar fundamentos sobre los cambios del mercado en Norteamérica y en otras regiones del mundo.

Lo cierto es que en los últimos años, en aras de la internacionalización, bien por la proliferación de instituciones transnacionales como ocurre en Europa, bien por lo imbricadas que se encuentran las economías mundiales, se pueden encontrar referencias que, en aras de mejorar las estrategias comerciales, diferencian y contraponen las recaudaciones conseguidas en los distintos mercados. Un corolario aprendido de estas informaciones es que los largometrajes de mayor circulación internacional son aquellos que se ruedan en inglés como, en España, *Los otros* (Alejandro Amenábar, 2001), *Planet 51* (Jorge Blanco, 2009) o *Lo imposible* (Juan Antonio Bayona, 2012). Quizá no guste a los productores, distribuidores, críticos o historiadores, pero parece evidente que (todos) los mercados mundiales son cada vez menos transitivos para los filmes no rodados en la lengua franca del inglés. John Hopewell, corresponsal en España de la revista *Variety* y gran conocedor de las dificultades de las exportación de la cinematografía española, ha indicado y ha demostrado el limitado potencial comercial que tienen "las películas en idioma extranjero" en los países anglosajones. Y concluye su valoración indicando que Pedro Almodóvar debería rodar en inglés (Hopewell, Green, Rolfe, 1998); aunque lo cierto es que el más internacional de todos nuestros directores en los últimos cien años nunca ha puesto en marcha filmes en inglés. Una conclusión que tienen los observatorios europeos habla de las características que debe tener el *cast* de la película, pues parece evidente que uno de los factores básicos para la estabilidad y fortaleza de un sistema cinematográfico es aquel que es capaz de conseguir, tanto que su propio *star system* nacional sea conocido a partir de producciones exteriores, como que la propia producción (española) sea capaz de atraer a actores o actrices internacionales.

En Europa, históricamente lejos de las necesidades industriales exportadoras de Hollywood, la investigación contemporánea sobre las audiencias cinematográficas nace de dos tradiciones analíticas que han debido encontrar un cierto equilibrio entre, por un lado, la práctica artesanal-artística que caracteriza a buena parte de los cineastas del viejo continente y, por otro lado, el desarrollo industrial del sector, siempre necesitado para su estabilidad de algún tipo de investigación sobre los hábitos de consumo y la composición social de la audiencia. Y si lo concretamos en vías de investigación, hallamos en primer lugar los estudios de base sociológica que investigan sobre el público del cine, contextualizado este en el conjunto de las prácticas de ocio y los hábitos culturales de la sociedad. Así se hace con frecuencia en la tradición británica, iniciada con el sorprendente volumen para otras prácticas culturales *The cinema audience. An inquiry made by the wartime social survey* en 1943 (L. Moss y K. Box) (aquí nos resulta difícil entender cómo mientras están cayendo bombas en las islas, unos investigadores trabajen con afán en detectar los hábitos de ocio de los ciudadanos). En cualquier caso, y como resultado de esa tradición, los británicos, más que cualquier otro país en Europa, pueden reconstruir la experiencia cinematográfica de sus ciudadanos como parte de su historia social. En la actualidad, el British Film Institute (BFI), con secciones de investigación estadística y cultural sobre los públicos británicos, realiza una muy completa labor.

Y en segundo lugar, encontramos los deseos de incluir la cuestión del público en el marco del funcionamiento y reglamentación del conjunto de la industria. El caso más modélico es, claro está, el de Francia. El Estado galo, una vez finalizada la Guerra Mundial, creó en 1946 el Centre National de la Cinématographie que, además de ser administrativamente el organismo encargado del control de taquilla en Francia y otras reglamentaciones del sector, se concibió para dar cobijo a un departamento de estudios y estadísticas que ha sabido crear distintas metodologías de investigación sobre el público del cine y sobre su frecuentación a las salas que, a la postre, han sido extraordinariamente valiosas para descifrar las tipologías de los públicos cinematográficos y una herramienta insustituible para los productores franceses. Tanto en el caso del Reino Unido como en Francia, las instituciones públicas se esfuerzan con diversas políticas en dar sentido a la noción de cultura cinematográfica, que tan importante es para consolidar la asistencia de los ciudadanos a las salas.

En España existen limitaciones para conocer y trabajar con los perfiles de los públicos de cine. Y a pesar de que todo el sector cinematográfico nacional coincide en valorar la importancia que posee esa información para establecer con ella prácticas industriales o políticas legislativas, lo cierto es que solventar esas carencias no parece estar en la agenda prioritaria de intereses de los agentes industriales o de la Administración. Un ejemplo significativo: la política de fomento de la cinematografía que desde hace muchas décadas se ha realizado en Francia siempre ha causado envidia en la industria cinematográfica española, así como admiración la consistencia que tiene la producción nacional gala. De hecho, resultan extraordinariamente habituales los comentarios reivindicativos que desde el sector cinematográfico exigen que el modelo francés se imite en España. Sin embargo, no es corriente recabar para nuestros lares la emulación de sus abundantes estudios sobre el público; sin duda, Francia es el país que se ha gastado más dinero público para investigar las características de la audiencia cinematográfica. En nuestro país, los estudios e informaciones sobre los públicos cinematográficos provienen de diversas instituciones públicas o privadas que, al margen de su loable intención, posee el inconveniente de no compartir las metodologías utilizadas (o las simples terminologías): ICAA (Instituto de la Cinematografía y las Artes Audiovisuales, Ministerio de Educación, Cultura y Deporte), EGEDA (Entidad de Gestión de Derechos de los Productores), SGAE (Sociedad General de Autores y Editores), EGM/AIC (Estudio General de Medios, Asociación para la Investigación de Medios de la Comunicación), AISGE (Artistas e Interpretes Sociedad de Gestión) o Fundación Alternativas, entre otros.

Como puede suponerse, los estudios de las instituciones públicas o privadas europeas proporcionan datos sobre la composición social de la audiencia cinematográfica (tamaño, perfiles, etc.) que pueden ayudar a los productores en aspectos tales como las políticas para incrementar el número de espectadores, ampliar la frecuencia de los asistentes a las salas, mejorar la notoriedad de la marca (cine español, francés, británico...). Es tan obvio, que la Federación de Productores Audiovisuales de España (FAPAE) recoge y elabora los datos de alguna de las fuentes mencionadas más arriba en las memorias anuales que presenta en público.

En suma, que los estudios sobre el público son imprescindibles para las estrategias de los productores. Y ello porque los únicos datos empíricos de que se dispone –el número de entradas vendidas, el tamaño de la audiencia, el público consumidor del cine– no indican otra cosa que la simple agregación de individuos que han pagado una entrada para ingresar en la sala. De esta manera, parece evidente que los datos del consumo y del mercado nada nos comunican sobre la estructura social o sobre las tipologías y composición social del público que constituye el tamaño de la audiencia. Y así, uno intuye que, si escogemos dos títulos estrenados en las pantallas españolas en el año 2001, como son *Lucía y el sexo* (Julio Medem) y *102 Dálmatas* (Kevin Lima), podríamos comprobar que, según los datos del control de taquilla, ambos filmes tuvieron en torno a 1,2 millones de espectadores. Sin embargo, detrás de esas cifras generales, cualquiera barrunta que el público de esos largometrajes, aunque equivalente en número de entradas vendidas, debió de ser socialmente bastante diferenciado. Por ejemplo, y como hipótesis, adultos amantes del cine español y del cine de autor en el primer caso, públicos familiares e infantiles educados en los placeres narrativos del cine de Hollywood y en las mercaderías que paralelamente despliega la industria norteamericana con el lanzamiento de algunos filmes, en la segunda de las películas. En otras palabras, el tamaño de la audiencia como agregación individual de espectadores es insuficiente para dar razón del conjunto del fenómeno cinematográfico y servirá de poco a las líneas de trabajo futuras que puedan interesar a un productor. Para el conocimiento cabal de este es necesario un paso más, como es el estudio de la estructura social de los espectadores que pagan la entrada cada vez que van al cine. Pero antes de entrar en ello, es necesario hacer algunas precisiones terminológicas.

Las prácticas comerciales a la hora de acercarse a las características que poseen los consumidores diferencian dos conceptos: por un lado, la penetración que en la sociedad tiene un producto y, por otro, el perfil de sus usuarios. En el caso del cine, la penetración se mide por la asistencia a las salas con una periodicidad o frecuencia establecida. Es decir, que no se consideran población cinematográfica, ni cuentan en las estadísticas de penetración del medio, aquellos que van al cine de una forma tan esporádica como el día de su mayoría de edad y luego otro cuando se jubilaron. Con frecuencia los estudios miden la penetración del cine en relación con los que van cuanto menos cada seis meses o cada año. A su vez, el perfil informa sobre las características sociodemográficas que tienen los usuarios del producto. Y en concreto, a partir de unas determinadas variables establecidas por los expertos de *marketing* comercial, en relación con su carácter condicionante de la "compra"; en España, habitualmente: sexo, edad, clase social, nivel de instrucción, nivel de ingresos y hábitat. En otros países cuentan las desigualdades étnicas, tal como ocurre en Estados Unidos, en donde se habla de afroamericanos, caucásicos o hispanos.

4.2.1. Penetración del cine en la sociedad. Los que van a una sala y los que no lo hacen

El cine ha sido, a lo largo de muchas décadas del siglo XX y en casi todas las partes del mundo, la principal forma de ocio fuera del hogar. Asimismo, es innegable la enorme capacidad que en ocasiones el llamado séptimo arte tiene como creación de un universo simbólico y narrativo con gran presencia en el espacio público; e incluso en el espacio privado si recordamos el valor de uso que tienen los objetos y mercancías relacionados con el cine, como los carteles de estrellas del celuloide o de películas que facilitan la fantasía de sus poseedores y decoran miles de habitaciones en el mundo. Llevados por esos incuestionable hechos y por otras impresiones subjetivas, se ha dado por hecho cierto que el espectáculo cinematográfico ha poseído una penetración total en la población y que los públicos del cine han sido como generalidad universales, interclasistas y de todas las edades. En otras palabras más concluyentes, son muchos los que creen que "todo el mundo va (o iba) al cine". No es así. Más aún, el espectáculo cinematográfico está alejado de contar con una audiencia masiva y universal, al menos en lo referente al consumo en salas. En primer lugar, porque siempre ha existido un número de ciudadanos que no tienen acceso a ninguna sala en su municipio o en un círculo de cercanía que se pueda entender como sensato. Centrado en España, se incluyen en esta categoría, en la actualidad, con unos sistemas de comunicación fluidos, unos quince millones de españoles (algo más del 35% de los habitantes. *Censo de salas,* 2013, AIMC); con comunidades autónomas como Castilla-La Mancha, Asturias, Galicia, Cantabria o Navarra, con unos datos muy inferiores a la media nacional. Y en segundo lugar, porque parece evidente que la experiencia cinematográfica, el ir a una sala de cine, solo está permeabilizada en cifras, arriba o abajo, que no llegan ni siquiera a la mitad de la población adulta. Y esto último con independencia del tamaño global de la audiencia (las entradas vendidas), se refiera a unos cuatrocientos millones (1966), a unos setenta (principio de los noventa del siglo XX) o a ciento cincuenta millones (como en los mejores años de inicios del siglo XXI). No es muy distinto de lo que ocurre en otros países de nuestro entorno: el espectáculo fílmico se mueve en torno al 50% de la población en países europeos como Francia o España y alrededor del 75% en otros como Estados Unidos. Quizá podría deducirse de este apartado que hay un visible techo al crecimiento de la presencia y penetración del cine. Así, se revela como extraordinariamente complicado, adelantamos, el llegar a los segmentos de mayor edad de la sociedad (probablemente por las dificultades debidas a la movilidad) y a las clases económicamente más desfavorecidas (tal vez por el precio de las entradas). Pero lo anterior no debe ser motivo de resignación por parte de las instituciones o las productoras. Se pueden establecer políticas para reducir los lastres que dificultan el acceso de muchos sectores al consumo cinematográfico o para mejorar la frecuencia de asistencia de los que van a las salas.

Pero si parece difícil creer que la audiencia del cine es universal o que el espectáculo cinematográfico se permeabiliza por igual en el conjunto de la población, el inevitable corolario será cuestionarse sobre las tipologías de los públicos que componen la audiencia; o, en una frecuencia más institucional, los motivos por los que existen frenos a la penetración del espectáculo cinematográfico en la sociedad.

Ciertamente, no es fácil conocer con exactitud la composición demográfica de la audiencia/público del cine de una película en particular, de un género en concreto o de una cinematografía nacional. Y los obstáculos provienen de que, por fortuna, el mundo policial imaginado por George Orwell en *1984* está lejos de convertirse en realidad y a nadie le piden un retrato cuando saca una entrada de cine, ni lleva incrustado en su piel un *chip,* como lo sufren algunos animales. En suma, que a partir de las entradas vendidas se dispone de un dato empírico incontestable, como el tamaño de la audiencia, pero se carece del instrumento que dibuje el perfil sociodemográfico de los que compran la entrada.

Vista la dificultad para conocer las características demográficas de aquellos hombres y mujeres que han sacado en España un promedio redondeado de la última década de unos cien millones de tiques cinematográficos (o quince millones para ver cine español), se impone hacer muestras representativas de la audiencia para con ellas realizar investigaciones de base cuantitativa (sondeos) o cualitativa (*focus groups*, entrevistas, etc.), y con sus análisis establecer la composición social de los públicos y conocer otros aspectos relacionados con el consumo de cine.

A lo largo de la historia se han establecido dos sistemas principales para estudiar la composición social del público del cine. En primer lugar, está la vía que incide en las variables sociodemográficas de los perfiles de los espectadores, tal como hemos mencionado, la edad, el sexo, el hábitat, el nivel de instrucción o de ingresos y, según países, las diferencias étnicas de los habitantes. El objetivo consiste en establecer con esos datos una adecuada interrelación entre líneas de producción de las películas y las tipologías de consumidores. La consecuencia más tangible de lo dicho son las visibles producciones dirigidas al consumo de los jóvenes, de las mujeres, de los hombres, de los niños, de los afroamericanos... Pero, en segundo lugar, existe la veta investigadora en la que el estudio de las audiencias se concibe estableciendo categorías en relación con la frecuencia temporal con la que se asiste a las salas (cada semana, cada mes, cada trimestre, una vez al año...). Esta forma, que obviamente no resulta incompatible con la primera, facilita la elaboración de políticas públicas o institucionales para incentivar el consumo cinematográfico, por ejemplo, para establecer proyectos culturales de potenciación de la cultura cinematográfica. Veámoslo con un poco de detalle.

4.2.2. Perfiles del público cinematográfico

Una inicial apreciación sobre la composición social y los perfiles básicos del público asistente al cine nos indicaría que no hay desigualdades significativas entre los perfiles de los públicos cinematográficos de los países (occidentales). Es decir, que estos perfiles de los espectadores son bastante similares en todos los países; aspecto del que, huelga decirlo, se benefician las grandes productoras estadounidenses. Por supuesto, que una afirmación de ese tipo posee un importante calado que, con independencia de las diversas culturas autóctonas, nos remite en un sentido más amplio a una cierta condición universal de la experiencia cinematográfica que, por cierto, se ha internacionalizado en el mundo entero bajo pautas eurocéntricas (norteamericanas). Quizá sería útil tenerlo como referencia al estudiar la recepción y la lista de los filmes exitosos, tal como se dan en todos los países.

Una segunda indicación nos plantea que el cine, como ejemplo único en todo tipo de mercancías culturales, es consumido en porcentajes similares por los hombres y por las mujeres. Cierto es que en Europa hay un leve predominio de espectadores masculinos, o de femeninos en Estados Unidos, pero, por centrarse en los datos de AIMC/EGM para España, las diferencias entre los perfiles según sexos de la audiencia de cine es muy inferior a lo que ocurre en televisión, diarios, revistas, radio o incluso internet. Este hecho solo puede interpretarse, bien porque en el trabajo de las productoras se consigue un equilibrio global entre los filmes de concepción más masculina con otros más dirigidos a las mujeres, o bien que los productores se esfuerzan por dar en cada largometraje placeres diversos, pero complementarios, para ambos perfiles.

Y una tercera apreciación. La edad y el ciclo vital de la persona son aspectos clave para el consumo del cine en salas. Ya hemos visto que la simbiosis entre jóvenes y cine no es ni mucho menos reciente y los primeros estudios sobre la audiencia detectaron hace un siglo esa singularidad del consumo cinematográfico; asimismo, y tal vez de mayor relevancia sociológica, a lo que parece es un fenómeno universal que ha acaecido también en culturas distintas de la occidental. Parece claro que los motivos explicativos de ese hecho transhistórico y transcultural tienen que ver genéricamente con un proceso grupal de iniciación a la edad adulta y de ruptura con el círculo familiar; justamente lo contrario de lo que da la televisión, ocio claramente escorado al consumo de los mayores. En lo referente a la asistencia a las salas, y a diferencia de las prácticas de consumo de los adultos que les lleva mayoritariamente a ir al cine en pareja, los jóvenes siguen acudiendo a las salas en grupo. A pesar de que en la actualidad el consumo cultural y de ocio de los jóvenes está determinado por el universo de la red y sus formas de comunicación por las redes sociales, estos siguen constituyendo el más significativo de los bloques demográficos del público cinematográfico. En lugares como Estados Unidos o Francia, especialmente atentos al funcionamiento de los públicos cinematográficos, se han realizado estudios específicos sobre el comportamiento de los espectadores jóvenes; sus datos quizá puedan extrapolarse a otros países como España. Los jóvenes como colectivo están muy informados sobre la actualidad cinematográfica y, quizá más importante, son decisivos en las recaudaciones que se consiguen en la primera semana; esto último, por la importancia simbólica que para ellos posee el fin de semana y la importancia central que posee revestir la salida como evento. También se destacan otras características tales como que los jóvenes son preponderantes en el consumo que se produce en los veranos y en los *multiplex*. Huelga decir que los jóvenes como consumidores han creado, al menos desde los años cincuenta del pasado siglo, líneas especiales de producción: el llamado cine para adolescentes es uno de los “géneros” de la cinematografía estadounidense. En España, tal vez por el peso de la piratería o campañas de *marketing* poco elaboradas, y a pesar de que se han realizado muchos filmes dirigidos especialmente a este perfil, lo cierto es que el cine para adolescentes español no ha conseguido un papel apreciable en el mercado estatal.

En este punto, y como complemento, tiene interés dedicar unas palabras al comportamiento de los públicos infantiles (desde los 8 hasta los 13 años). Estas encuestas son de difícil acceso en España. EGM segmenta las audiencias infantiles en dos bloques de edad con resultados diferenciados: el primero va desde los 8 a los 10 años y el segundo recorre la edad entre los 11 y los 13 años; ambos subgrupos poseen frecuencias de asistencia más elevadas que lo que correspondería a sus porcentajes en la población. Hace poco tiempo tuvo notoriedad social el festejar el cumpleaños del grupo escolar de menores yendo al cine. Algunas resultados de los estudios sobre los públicos infantiles españoles indican que los niños aprecian los cines multisalas/*megaplex*, que los espectadores más asiduos son chicos y chicas de clases altas y medias-altas y de grandes ciudades (Redondo, 2000:157-160). Excusado es decir que la cinematografía española no atiende desde hace décadas a estos públicos, salvo paradójicamente cuando se conciben como filmes de animación para el mercado exterior. También huelga decir que hay algo de extravío en esta carencia, porque sería fácil coincidir al decir que los públicos infantiles son la base de una cultura cinematográfica sólida que puede durar toda la vida.

Merece la pena mencionar un hecho relativamente novedoso que está acaeciendo en la última década. A diferencia de lo que venimos diciendo, la composición social de la audiencia parece sufrir un desplazamiento desde públicos juveniles hacia adultos o, tal vez más apropiado se está reduciendo la afirmación que unía el consumo del cine al ciclo vital. Es decir, que si bien es cierto que el peso de los públicos infantiles y juveniles es muy notable, y desde luego insustituible, no puede dejar de llamar la atención el enorme crecimiento de las franjas entre los 30 y 50 años y la de los mayores de 51 años. Obsérvese que en la actualidad los mayores de 60 años se han convertido en un bloque demográfico que, en países como Estados Unidos, supera al de los 12-17 años y alcanza los mismos resultados que el de 18-24 años. Los resultados en Francia, si cabe, son más llamativos, porque en el país galo los mayores de 60 años se han convertido en el grupo hegemónico del consumo en salas. Los productores estadounidenses o franceses han encontrado un yacimiento inesperado en los cambios demográficos de la población y las mutaciones en las relaciones de ocio, familiares y sociales. Más abajo precisaremos el caso de España. Sin duda que, por vez primera en muchas décadas, se producen con éxito películas familiares que pueden ver juntos padres e hijos, y con placeres diversificados para unos y para otros. Los analistas consideran que el fenómeno se inició con *Solo en casa* (*Home alone*, Chris Columbus, 1990), pero desde luego se percibe en muchos de los éxitos actuales. Si estos cambios se confirman en el futuro, significa que estaremos hablando del mayor cambio de la composición social y de los perfiles de los públicos cinematográficos desde los años cincuenta-sesenta del pasado siglo, cuando se produjo el ocaso de los cines de barrio y con ellos se perdió la asistencia al cine como práctica consuetudinaria de los ciudadanos.

Veamos ahora con algo más de detenimiento los perfiles de los públicos cinematográficos en España. Fijémonos en el cuadro 4.2, que atiende a las variables más habituales. Se señalan con un asterisco aquellos valores que superan los valores demográficos de la población total, y que por ello pueden ser leídos como la base de los perfiles hegemónicos de los espectadores.

Cuadro 4.2. Perfil del consumo de cine en España (EGM, 2014)

	Población total. Mayores de 14 años. (39.681 miles).	Consumo de cine (1.490, audiencia semanal)
Sexo		
Hombre	48,7%	50,5%*
Mujer	51,3%	49,5%
Edad		
14 a 19	6,5	11,0*
20 a 24	5,9	10,4*
25 a 34	15,6	23,6*
35 a 44	19,8	20,6*
45 a 54	17,6	14,2
55 a 64	13,5	10,3
65 o más	21,2	10,0
Edad promedio	47,0	39,3
Hábitat		
Hasta 2.000	6,0	3,4
De 2 a 5.000	6,8	3,9
De 5 a 10.000	8,3	6,2
De 10 a 50.000	26,9	22,5
De 50 a 200.000	22,6	23,4*
De 200 a 500.000	13,4	16,3*
De 500.000 a 1.000.000	5,8	6,1*
Barcelona capital	3,4	5,7*
Madrid capital	6,8	12,6*
Clase social		
Alta	11,1	19,2*
Media-alta	17,8	20,4*
Media-media	43,5	43,4
Media-baja	22,7	14,9
Baja	4,9	2,1
Actividad actual		
Trabaja	43,6	50,7*
No trabaja	56,4	49,3

Fuente: Elaboración propia con datos de EGM Marco General de los Medios en España (2014) (www.aimc.es).

Un productor no necesita hilar su trabajo como hacen los analistas escudriñando los datos genéricos del consumo. Inicialmente, porque las líneas de producción se establecen a partir del funcionamiento de filmes concretos (o de géneros), y en consecuencia las tendencias globales del consumo proporcionan informaciones de aplicabilidad directa reducida. Y, en segundo lugar, porque las productoras españolas tienen reducidos niveles de sofisticación industrial. Pero sobre estos argumentos, existe otro más sólido: el perfil del consumo del cine en España y el diseño que se hace de la audiencia, tal como lo ha diseñado desde hace décadas el EGM, y que se ha convertido en una herramienta insustituible, está concebido para dar razón a los intereses de la publicidad y no del cine, hasta el punto de que sus encuestas son "mediaproductos" y recogen informaciones sobre el consumo de otras mercancías.

La lectura de los datos permite algunas enseñanzas. La primera que, como ya hemos indicado previamente, se produce una relativa equivalencia entre los dos sexos en su comportamiento como consumidores cinematográficos. Si bien para los expertos en las estrategias empresariales del *marketing* este hecho no deja de ser una singularidad, nosotros aquí lo interpretamos como el paulatino crecimiento de la visibilidad de la mujer en la España contemporánea.

Con respecto a la decisiva categoría de edad, conviene agrupar las franjas en bloques más amplios que los que establece EGM, así como fijar un marco temporal amplio, para con estas operaciones percibir las posibles tendencias y cambios de la composición social del consumo.

Cuadro 4.3. Porcentaje de asistencia al cine según edad. Perfiles.

	1988	*1996*	*2002*	*2014*	*Total población 2014*
14-24 años	46,6	38,8	36,9	21,4	12,4
25-44 años	39,9	47,0	49,8	44,28	35,4
45 años y más	13,6	14,2	13,3	34,5	52,3

Fuente: Elaboración propia con datos hasta 1996 de EGM30 y de EGM Marco General de los Medios en España (2001 y 2013) para 2002 y 2014.

Obsérvese que en el tiempo en que había un tamaño de audiencia más reducido, años finales de la década de 1980, el consumo cinematográfico de los espectadores estaba sustentado por los menores de 24 años. Empero, con el crecimiento del público en la década de 1990, se ha producido un deslizamiento de la edad vehicular de la composición de la audiencia hasta el punto de que la franja entre los 25 y los 44 años se ha convertido en el segmento central del consumo cinematográfico, en perjuicio de los jóvenes y adolescentes, fenómeno que continúa en los últimos años. No obstante, tampoco se puede obviar que el crecimiento del consumo entre los mayores da cifras todavía alejadas de su correspondiente cuota porcentual en la población. Naturalmente, un hecho de estas características posee varias lecturas: las modificaciones en el parque de salas, su mayor comodidad, la accesibilidad que se tiene para llegar en automóvil o el crecimiento exponencial del número de universitarios a partir de los años ochenta del siglo XX, que se supone que incluyen el consumo de cine entre sus prácticas culturales; pero, como hemos visto, el hecho parece ser muy compartido en todos los países occidentales y probablemente hace referencia a mutaciones de mucho calado sobre el cine como forma de ocio.

Visto lo visto, se puede establecer un perfil hegemónico del consumidor de cine en España. Desde luego, el espectador español es joven, con una innegable tendencia a que el consumo de cine esté ligado al ciclo vital. La edad media está sobre los 40 años. Y, sobre todo, es un consumidor de cine básicamente urbano, de localidades a partir de 50.000 habitantes. Desde luego que Madrid y Barcelona son esenciales en el mercado español. Justamente, de este último dato y mucho más referido al cine español, se desgaja algo que cualquier productor conoce: la importancia que posee Madrid para el buen funcionamiento de una película (De hecho, una de cada cuatro entradas de cine español se vende en Madrid). Pero, ¿qué pasa en Madrid que no ocurra en otros lugares? Por supuesto que cabe interpretarlo considerando que en Madrid se halla lo más sustantivo de las industrias del cine y de la televisión y por ello los medios de comunicación poseen más facilidades para establecer en sus correspondientes agendas un buen lugar para los cineastas o los miembros del *star system* nacional. Pero también cabe pensar que en algunos lugares no se ha permeabilizado la imagen del cine español y los procesos de legitimación que se vienen trasmitiendo por los medios (nacionales y madrileños).

Y, en el envés del perfil del público español, la experiencia cinematográfica no parece ser especialmente apreciada por las personas mayores de más de 50 años, los habitantes de localidades rurales y los individuos con menor poder adquisitivo o menor nivel de instrucción.

4.2.3. Frecuencia e imágenes sociales del cine español

Si los perfiles del público cinematográfico no han variado sustantivamente en décadas, debe haber un factor adicional que explique el tamaño de la audiencia, el número de entradas vendidas y los periodos de crisis o de bonanza en el interior de la institución. A nuestro entender, ese elemento es la frecuencia de asistencia a las salas y se ha instituido desde hace muchos años como la segunda línea de investigación sobre los comportamientos del público de cine. Sin duda que conocer la lógica de la frecuencia de asistencia es imprescindible para las políticas de fomento a la cinematografía e indirectamente las líneas de promoción y publicidad que puede elaborar el productor. A pesar de que la definición de la frecuencia ha variado históricamente, en estos primeros años del nuevo siglo suele considerarse población cinematográfica la que va al cine, al menos, una vez al año (como se hace en Francia) o la que se acerca a los cines cada seis meses (como se establece en los Estados Unidos). En suma, que todo acercamiento a la composición demográfica de la audiencia del cine debe relacionarse con la periodicidad con la que los distintos segmentos sociales asisten a las salas para constituirse en población cinematográfica. Y ello por lo más evidente: entre los perfiles de los espectadores existen grupos que van a la sala con un ritmo temporal más continuado y persistente que lo hacen otros. Y, en consecuencia, teniendo en cuenta que hoy día nadie cree que exista un único público, sino varios segmentados y muy heterogéneos, el fijar unas tipologías de espectadores según la frecuencia de asistencia a las salas facilita realizar diversas políticas económicas o culturales según esas categorías.

Conviene hacer una mirada en el contexto internacional. En Estados Unidos, los estudios sobre la frecuencia los realizan las *majors* (y debe recordarse, como todo el mundo sabe, que son el epicentro de la industria cinematográfica mundial) en su *World market research*. Allí establecen las siguientes categorías de los que llaman *moviegoers* (en la actualidad, en torno al 70% de la población). Por un lado, un público "frecuente", que son los que van a las salas por lo menos una vez al mes (doce veces al año). Por otro, un público "ocasional", referido a aquellos que pagan su correspondiente entrada con una frecuencia cuanto menos de una vez cada seis meses (entre dos y once veces de asistencia por año). Y finalmente un público "infrecuente", cuya periodicidad de asistencia les hace ir tan solo una vez al año. En el análisis de las series históricas se percibe que se ha reducido el ritmo de asistencia de los frecuentes y ocasionales y ha crecido el de los públicos infrecuentes. La suma de los públicos frecuentes y ocasionales del conjunto de los estadounidenses está en los últimos estudios sobre el 98% de la población cinematográfica (un 57% de frecuentes más un 41% de ocasionales). Y si observamos por grupos sociales, se podría decir que seis de cada diez norteamericanos entre los 18 y los 20 años, y cifras alrededor del 50% en los veinteañeros, van todos los meses al cine. Con estos datos se pueden entender las políticas de exhibición. Estas deben concebirse para dar satisfacción a las ansias de consumir cine de ese grupo sociodemográfico capital que exige renovar lo más rápidamente ese deseo de ir al cine. Recuérdese en este sentido la importancia que en el cine contemporáneo posee la exhibición intensiva de los filmes, basada en la rápida rotación de las películas de la cartelera. El inevitable corolario del análisis de la frecuencia de asistencia en Estados Unidos es mucho más categórico que el que se extrae de los perfiles sociodemográficos: hay que producir pensando en la gente que habitualmente va al cine y no tanto en los que van poco o no van nunca.

Por su parte, en Francia los estudios del CNC diferencian entre un público de espectadores "asiduos", que incluye a todos aquellos que van al cine en torno a una vez a la semana; un público de espectadores "regulares", que son los que asisten a las salas al menos una vez al mes, y un público de espectadores "ocasionales", que van al cine cuanto menos una vez por año. Los espectadores asiduos franceses constituyen el 19% del conjunto de los espectadores y los regulares el 53%. También en Francia la demanda de entradas se concentra en una cantidad de público muy reducida, el 72% de la población cinematográfica que suman los espectadores asiduos y los regulares.

En España no hay una única fuente que sea reconocida por los agentes de la industria para evaluar la frecuencia de asistencia a las salas. Más aun, los organismos que realizan los estudios establecen en ocasiones cuatro y en otras cinco categorías de públicos: muy habituales, habituales, ocasionales, esporádicos, no van al cine, en el caso de AISGE/EGEDA; en el Ministerio de Cultura hablan, con poca precisión, tan solo de los que han ido al cine en el último año, en los últimos tres meses, entre tres meses y un año, hace más de un año y nunca o casi nunca. En España, para escudriñar el ritmo de asistencia a salas de los espectadores, únicamente podemos echar mano de los datos de EGM/AIMC que, a pesar de que sus presupuestos no estén concebidos para la industria de la producción, nos permiten, por ejemplo, hacer hasta cuadros históricos sobre la asistencia al cine en la última semana. Las investigaciones de EGM se fundamentan en la asistencia al cine en la última semana, lo cual es una manera indirecta de dar importancia a la frecuencia de asistencia. Es fácilmente explicable esta elección. Los clientes de EGM no tienen entre sus intereses el funcionamiento del arte, la cultura o el entretenimiento del universo de las películas, sino las maneras en que el medio cine (la sala propiamente dicha y los anuncios proyectados) puede ser soporte para sus campañas publicitarias; por ello, su interés se centra en el recuerdo de lo visto; lógicamente una mayor distancia temporal reduce el impacto de lo visto. La misma frecuencia de asistencia, pero sin denominaciones, también les interesa. Ellos distinguen entre los que van alguna vez, entre los que van una o más veces a la semana, dos o tres veces al mes, una vez al mes, cinco o seis veces al año y los que van menos de cinco veces al año. No hay que insistir mucho en la irregularidad que supone que, en países como Estados Unidos o Francia, los estudios sobre los públicos cinematográficos emanen de agentes implicados directamente en el desarrollo de la industria fílmica, como los productores en el primer caso y la administración del Centre National du Cinéma (CNC) en el segundo, mientras que en España la meritoria labor esté a cargo de empresas como el EGM/AIMC, cuyo objetivo central es la industria publicitaria. Tal vez es más importante que, con los datos de unos y otros, se comprueba que los espectadores asiduos, los que van al cine al menos una vez al mes, constituyen en España el 28,6% de los españoles, frente al 38% de los estadounidenses y al 32% en el caso de los franceses. No puede dejar de apuntarse el corolario que supone que, con esas cifras, resulta más complicado conseguir una producción propia sólida.

Esta tipología de los públicos en relación con su frecuencia de asistencia a la sala puede tener algunas consecuencias útiles para los productores y, desde luego, para la Administración. Por ejemplo, sirve para escudriñar lo sensible que es la demanda global a las prácticas del segmento de los espectadores muy habituales y cómo estos, al centrar buena parte de su consumo en el primer fin de semana, son muy sensibles a las políticas de promoción y las campañas de publicidad de los filmes; o lo decisivo que resulta el espectador ocasional (o incluso el esporádico) para la creación de grandes acontecimientos cinematográficos, como son aquellas películas que, como *Ocho apellidos vascos* o la saga de Torrente, consiguen varios millones de entradas vendidas. El mínimo libro de instrucciones nos lleva a reconocer que, por ejemplo, el potenciar la imagen de renovación de una cinematografía es un argumento muy querido por el público habitual, o que puede incidirse en el consumo cinematográfico del público ocasional con una política de premios prestigiados socialmente o con la presencia continuada del sector cinematográfico en los medios de comunicación, tipo la cobertura de los festivales.

Estos últimos comentarios sobre las subtipologías del público del cine nos llevan a una última reflexión útil para el productor de cine español. Desde luego que la noción *cine español* obliga para su correcta defensa industrial a trabajar más sobre aspectos como las políticas de frecuentación a las salas que hacerlo sobre las de venta del producto por el *marketing*. Para un país como España, probablemente es más importante fijarse en los aspectos que combinan el séptimo arte con las reglas a veces inasibles del conocido como *soft power* ("poder blando"). Es decir, la importancia de la cultura como valor económicamente intangible resulta ser más decisivo que los números contables, sobre todo cuando los desniveles hacen que el mercado esté muy desequilibrado. Se necesita investigar sobre las condiciones sociales en que se produce la recepción y el consumo del cine español, para que de este modo los productores puedan conocer los cambios de valor que la sociedad española asigna a su propio cine. La percepción y la imagen que tienen los ciudadanos y, en ocasiones, la que se desprende de los medios de comunicación social acerca del cine español, son elementos sustantivos para comprender de una manera compiladora el fenómeno del público cinematográfico y, en suma, la imagen que posee el público sobre el cine español.

No debe dudarse que la asistencia al cine es también una cuestión de imágenes que circulan en el espacio social. Ciertamente, apenas se ha tratado un tema que posee una enorme trascendencia. Lo cierto es que históricamente la imagen del cine español parece que no ha sido buena, aún por realizar un análisis sobre la imagen del cine popular o del cine de arte español. Esto remite a problemas de gran calado porque, más allá de problemáticas industriales, la pujanza de un cine nacional está vertebrada en la imagen que de ese cine y de su historia poseen los ciudadanos y las instituciones del sector. Es decir, que una interpretación apresurada ya nos indica que el cine español ha variado la imagen que sobre él tienen los distintos perfiles. En los años sesenta del siglo pasado, el tiempo en el que la cuota de pantalla alcanzaba increíbles porcentajes –que superaban el 30%–, el cine español consigue sus públicos en los segmentos sociales de las clases populares; sin embargo, en sectores cuantitativamente minoritarios, pero muy significativos en la configuración del espacio y la opinión pública, tales como los profesionales o universitarios, la imagen del cine español es mala. En la actualidad, las tornas han cambiado (¿o no?). Sabemos que las audiencias están muy lejos de las registradas en los años sesenta, pero la imagen de los formadores de opinión parece haberse modificado.

En el imprescindible volumen *La percepción del cine español por el público* (AISGE, EGEDA, 2009) se nos indica que, entre aquellos que suelen ver con mucha frecuencia el cine español (un minoritario 32% de la muestra), los datos son positivos en todas las categorías del análisis, pero se acentúa que los más amantes del cine español son las mujeres, las personas de 46 a 60 años, las personas con estudios elementales, las personas de izquierdas y los residentes en pequeñas poblaciones. *A contrario sensu*, los más críticos con el cine español son los menores de 30 años, las poblaciones grandes, los universitarios, las personas de derechas (p. 123). Sin duda, el aspecto más destacado es que dos tercios de los españoles ven con poca frecuencia cine español, dato que inevitablemente remite a una deficiente imagen de este. El segundo es que entre los jóvenes, que tan repetidamente hemos dicho que es un bloque demográfico clave, el 41% opina que es regular, malo o muy malo, resultado que no puede catalogarse de otra manera que preocupante. Y el tercero y último es la percepción de que el cine español va unido a una ideología de izquierda. Huelga decir que es indiferente lo correcto o inexacto de esta imagen, pues las percepciones se superponen a las realidades. En realidad, el fenómeno puede que no sea reciente, pues ya en los años ochenta del pasado siglo hay estudios que indicaban que el consumo cinematográfico pertenecía a las culturas de izquierda, pero sin duda posee una gran notoriedad en el presente, lo que se convierte en un lastre pesado para un muy elevado porcentaje de españoles. Recuérdese que la producción de sentido institucional se origina con frecuencia en dominios simbólicos que no por su carácter intangible dejan de circular por los medios de comunicación.

Sirva como ejemplo el siguiente. La imagen más socialmente pregnante del cine español son los Premios Goya, e indirectamente la propia Academia. Y lo anterior es importante porque si, por ejemplo, la Academia o los Premios Goya se han consolidado en la sociedad española, lo han hecho más como imagen que como factor económico o de mercado (de hecho, habrá que recordar que había más espectadores para el cine español en 1981 que en el prodigioso año 2014). En suma, el valor de la Academia y de los Premios Goya ha consistido en su capacidad de transmutarse en imagen social y, a partir de ella, constituirse en términos de discurso de consenso sobre lo que se piensa sobre el cine en España. Los Premios Goya, como su principal escaparate, han "reinventado" el concepto de cine español que por causas diversas estaba desvertebrado. Y ello ha ocurrido porque los Goya han sido imprescindibles para la construcción simbólica de una comunidad cinematográfica que es percibida como tal por la sociedad (y, entre paréntesis, muy probablemente de izquierdas, como se ha podido constatar en ciertas ocasiones con reivindicaciones en el transcurso de la gala de entrega de premios).

Y si la imagen de nuestra cinematografía es el elemento esencial para el consumo, no hay que olvidar que las imágenes forman más parte de las dinámicas de grupo que de las políticas administrativas; así, interpretar el lugar que ocupa para la gente el hábito de "ir al cine a ver una película española" es la llave de la comprensión de las dimensiones sociales en las que se asienta el consumo cinematográfico de cine español en salas. Es esta imagen la que, al imbricarse en los flujos sociales, culturales y de ocio, hace o deja de hacer que el público habitual elija películas españolas cuando se encuentra en la puerta de una sala. Y, en otras palabras, no hay que ser ningún experto en la obra de Pierre Bourdieu para observar cómo ir al cine se ha convertido hoy en día en una forma de distinción social de los españoles. Y si el cine ha conseguido un cierto capital cultural, el estudio de cómo funciona socialmente esa legitimidad cultural es definitivo para saber lo que lleva a la gente al cine.

5

La gestión de proyectos audiovisuales: el estudio de cuatro casos

El objetivo del presente capítulo es materializar, a partir de casos reales, todos los conceptos y procesos metodológicos planteados anteriormente en el libro. La producción cinematográfica y audiovisual española actual conforma una amplia variedad de propuestas y proyectos de la más variada naturaleza en cuanto a su soporte económico y al entramado empresarial del que emanan. Por ello, se presenta una aproximación a tres casos reales diferentes. El primero pertenece a un modelo de gestión que genera proyectos cinematográficos de manera continuada. La productora El Deseo articula su producción a partir de los proyectos del guionista y director Pedro Almodóvar, aunque, una vez consolidado su éxito nacional e internacional, la empresa también ha apostado por nuevos proyectos de otros guionistas y directores. El segundo caso corresponde a Iberrota Films, S. L., una pequeña productora cinematográfica independiente que cuenta con un ritmo de producción más esporádico y que representa un modelo de gestión caracterizado por la dificultad de financiar e impulsar determinados proyectos cinematográficos desde su pequeña dimensión. En el tercer caso se realiza una aproximación a la producción independiente de Catorce Producciones, una productora de mediana dimensión que concentra la mayor parte de su producción en los trabajos para televisión, pero que a su vez realiza proyectos audiovisuales de manera paralela en otros campos, la publicidad, los trabajos empresariales, institucionales, documentales y recientemente la coproducción de un largometraje. Las tres producciones seleccionadas son dos largometrajes, *La vida secreta de las palabras* (Isabel Coixet, 2005) y *La caja 507* (Enrique Urbizu, 2002), y un documental para televisión, *Silvio Rodríguez, Ojalá* (Nico García, 2012).

5.1. Los casos prácticos como fuente privilegiada e imprescindible para el conocimiento de la producción y gestión cinematográfica y audiovisual

A pesar de que no es habitual en España, cualquier libro o monografía que pretenda alcanzar cierto rigor y convertirse en fuente de referencia inexcusable para la formación en la producción y gestión audiovisual tiene que, ineludiblemente, contar con la voz de la experiencia de aquellos que son responsables del oficio, de su evolución y del crecimiento del sector cinematográfico y audiovisual en la sociedad en la que trabajan. Las decisiones relativas a qué proyectos y qué experiencias seleccionar para volcar como fuente de aprendizaje no han sido indiferentes. Ante todo existe, por supuesto, admiración por el trabajo que se realiza en las empresas seleccionadas para este proyecto, pero también y de manera fundamental porque se valora el trabajo de unos profesionales que han colaborado de manera voluntaria, siendo conocedores de que las entrevistas realizadas se convertirían en la base del conocimiento sobre la materia para los lectores, compartiendo así sin ningún tipo de cortapisa todas sus experiencias sobre la producción y la creación cinematográfica y audiovisual. Las conversaciones con Esther García, productora ejecutiva de El Deseo, tuvieron lugar durante el otoño de 2008; con Fernando Victoria de Lecea, productor ejecutivo de Iberrota Films y con Enrique Urbizu, cineasta, en la primavera de 2008; con Nico García, productor ejecutivo de Catorce, durante el otoño de 2012, y con Nacho Faerna, en el verano de 2014. Son los cuatro profesionales cuyas voces, a partir de ahora, serán memoria y fuente directa del saber hacer para futuras generaciones.

5.2. La producción ejecutiva en El Deseo, S. A.: el caso de *La vida secreta de las palabras* (Isabel Coixet, 2005)

La constitución de la productora El Deseo, S. A., se remonta a 1985. Su objetivo principal consistía en producir los proyectos del guionista y director Pedro Almodóvar. Después de una trayectoria de éxito continuado durante más de dos décadas, la productora, capitaneada por Agustín Almodóvar, asume también, durante los últimos años, el desarrollo de proyectos de otros guionistas y directores.

El éxito y la dimensión internacional alcanzados por Pedro Almodóvar son incuestionables y han supuesto un crecimiento y unas cotas de credibilidad a la empresa que han posibilitado la producción de exitosos proyectos de otros directores, como Guillermo del Toro, Isabel Coixet y Lucrecia Martel, e incluso la incursión en la ficción televisiva con la serie *Mujeres* (2006) de Dunia Ayaso y Félix Sabroso. Premios de los más prestigiosos festivales de cine del mundo avalan, además de la espléndida carrera artística y cinematográfica de Pedro Almodóvar, un saber hacer que convierte a la productora en un referente de calidad y crédito. Desde el Festival

Internacional de Cine de Cannes, el Festival Internacional de Cine de Venecia, los Óscar de la Academia de Hollywood, los Goya de la Academia de las Artes y la Ciencias Cinematográficas, los premios de la British Academy of Film and Television, los Premios César, los Golden Globes, los Premios del Cine Alemán, los premios de la European Film Academy, hasta un sinfín de nominaciones y reconocimientos, consolidan un modelo de gestión que ha sabido preservar y desarrollar su más sólido "valor de producción" en el trabajo del director Pedro Almodóvar.

El indiscutible factor de calidad y una producción continuada durante años son los elementos fundamentales que convierten a esta productora en un ejemplo idóneo y sobresaliente para ahondar en el conocimiento del desarrollo de proyectos y la gestión de producción. Al hilo de la información y los comentarios generados en diversas entrevistas con la productora ejecutiva de la empresa, Esther García, a continuación se describe el recorrido por el que habitualmente transcurre el desarrollo de un proyecto cinematográfico dentro de la productora.

5.2.1. Origen del proyecto

Si bien la producción de El Deseo gira en torno a los guiones y las ideas que Pedro Almodóvar escribe, la línea de trabajo de la productora también posibilita que esta reciba, busque y se implique con otros guiones o proyectos de producción. El Deseo cuenta con un equipo de edición de guiones integrado por dos personas de generaciones distintas que leen y redactan informes sobre los proyectos que recibe la productora. Las propuestas llegan, bien como argumentos de cuarenta folios, tratamientos de cien páginas o como guiones completos. Una vez que se da el visto bueno a un proyecto, decisión que recae en los productores ejecutivos de la empresa, se realiza un tipo de contrato que puede contemplar dos vertientes: el desarrollo del proyecto, en los casos para los que se parte de un argumento o de un tratamiento, o mejora del guion, a partir del cual se realizan una serie de sugerencias, una vez analizadas las posibilidades del mismo (por lo general, consideraciones artísticas sobre el guion que en numerosas ocasiones estarán pautadas por necesidades de producción), con independencia de la dimensión de su posterior presupuesto. A partir de ese momento y una vez asumidas determinadas modificaciones, se plantea el diseño de producción del proyecto (desglose, plan de trabajo y presupuesto) y se mueven las distintas fuentes de financiación para conseguir todo el dinero necesario para ejecutar la producción del mismo.

5.2.2. Selección del proyecto y su desarrollo

Con el objeto de concretar una serie de procesos relativos al desarrollo de proyectos, se ha seleccionado la producción *La vida secreta de las palabras* (Isabel Coixet,

2005), puesto que presenta una serie de singularidades propias y diferenciadas de los proyectos habituales de la productora, tales como la realización de una parte del rodaje en el extranjero, la participación de una estrella internacional en el proyecto y el rodaje íntegro en inglés. La película relata la historia de Hanna (Sara Polley), una joven que llega a una plataforma petrolífera a cuidar a un trabajador (Tim Robbins) que ha sufrido un accidente y sufre una ceguera temporal. Con el paso de los días surge una misteriosa relación entre ambos, que va desvelando una infinidad de secretos y heridas silenciadas sobre el pasado. Una experiencia vital que reivindica la recuperación de la memoria como elemento capaz de dignificar el presente. Entre las cuestiones preliminares y una vez confirmada la producción del guion de este proyecto, tienen lugar las primeras consideraciones, entre las que destacan:

1. La firma con la directora, Isabel Coixet, del contrato de guion-dirección.
2. Afrontar un rodaje en lengua inglesa con el condicionante que implica la participación de actores internacionales.
3. Supervisar la contratación de la actriz Sara Polley como protagonista: la directora escribió el guion pensando en ella.
4. La consecución de un protagonista masculino de talla internacional. La directora baraja una serie de nombres y el del actor Tim Robbins figura como el primero de la lista.
5. Realizar el cálculo del coste de la película y, a partir de las fuentes habituales de financiación de la productora, confirmar si se puede conseguir la financiación o, al menos, hasta un 80% de esta.

Tras una prospección inicial, se estima que la producción puede alcanzar un coste de cuatro millones de euros. Este análisis se realiza sin confirmar la posible participación de un actor de dimensión internacional de la talla de Tim Robbins, que puede llegar a convertirse en un valor de producción que permita conseguir financiación con mayor facilidad o, por el contrario, en un incremento desorbitado del presupuesto. Una vez enviado el guion a Tim Robbins, la productora ejecutiva Esther García y la directora Isabel Coixet se reunieron con el actor en Londres. Tras una larga conversación en la que el actor planteó muchas cuestiones sobre su personaje, decidió implicarse en el proyecto. La incorporación de un actor como Tim Robbins supone definitivamente un trascendental valor de producción para el proyecto, pero al mismo tiempo el hecho de que la versión original se realice en inglés vio reducidas considerablemente las propuestas económicas de las televisiones españolas (que la versión original de la producción se realice en inglés disminuye las posibilidades de cómputo para los operadores de televisión de sus obligaciones anuales de destinar parte de su volumen de negocio a la producción independiente española en alguna de las lenguas oficiales).

Otro de los condicionantes que llegó a complicar la dimensión del presupuesto de la producción radica en que una parte del rodaje transcurría en una plataforma petrolífera. Tras las primeras averiguaciones entre numerosas empresas que explotan y extraen petróleo, se descarta el rodaje en plataformas petrolíferas en activo por la imposibilidad de conseguir permisos o, de estar fuera de funcionamiento, por el elevado coste económico. Como tercera opción se contempla la posibilidad de reconstruir la plataforma en un estudio, solución que implicaría a su vez determinadas modificaciones en el guion. Finalmente, y después de realizar numerosas gestiones de producción, surge la opción definitiva, la posibilidad de rodar en una plataforma en Belfast que ha sido trasladada allí desde el golfo de México para su reparación. A su vez, se cuenta con el compromiso de la dirección de reducir el número de jornadas de rodaje en la plataforma a nueve días y la reconstrucción de la enfermería de la plataforma en un estudio.

5.2.3. Elaboración del dosier y el pitching

El proyecto se materializa en la elaboración de un dosier o *package* que va a convertirse en la fuente de conocimiento clave para transmitir la realidad de una nueva producción cinematográfica a futuros inversores. Tras un cierto periodo de investigación y documentación, de negociaciones con el guionista-director, con el *casting* principal, con parte de los jefes del equipo técnico y con algunas de las posibles empresas de distribución, se obtienen una serie de elementos que definen la idiosincrasia del proyecto. Los elementos que lo integran son:

1. El guion.
2. El presupuesto (detallado por capítulos).
3. El distribuidor de la película (dato que va a asegurar la vida comercial de la misma y va a contribuir a gestar la confianza de los inversores televisivos).
4. Propuesta de la ficha técnica.
5. Propuesta de la ficha artística.
6. Plan de financiación (en el que se incluye la cantidad económica que se solicita al inversor y los recursos propios con los que cuenta la empresa).

A partir de la confección del dosier o *package*, la productora asume la posibilidad de afrontar un *pitching,* que en este caso consiste en la presentación del proyecto ante el director de compra de los derechos de antena de una televisión. La mejor estrategia para despertar el interés de un inversor depende de la capacidad de persuasión del productor para convencer de la calidad de su proyecto, así como las razones por las que es importante y necesaria la producción del mismo. Si se hace de la producción una necesidad, cultural, social o económica, y a esto se le suma la incorporación de una serie de valores de producción (el director, los actores, la misma historia), se estarán utilizando argumentos objetivos que contribuirán a justificar la relevancia del proyecto.

Un *pitching* en este caso se convierte en un encuentro bilateral a través del cual un productor trata de convencer y despertar la necesidad en un inversor para apostar por su proyecto.

5.2.4. Fuentes de financiación frente a canales de exhibición

La política de financiación de los proyectos varía sustancialmente en relación con la relevancia del director, al *casting* que los sustenta y a la empresa que los respalda. En El Deseo y a consecuencia de la renombrada y prestigiosa carrera de Pedro Almodóvar, sus proyectos implican una sencilla financiación en donde, aunque no se firmen *a priori,* las ventas internacionales están garantizadas y las ventas a las televisiones tampoco ofrecen dificultades.

Sin embargo, la política de financiación de proyectos de otros directores resulta mucho más compleja y el entramado económico y financiero implica otras dificultades.

Retomando el caso de *La vida secreta de las palabras,* se confirma lo complejo y arduo que supone abordar la financiación de una producción. A pesar de contar con una estrella de prestigio internacional, la productora encuentra dificultades para alcanzar el 80% de la financiación del proyecto. Los porcentajes de inversión fueron los siguientes:

Cuadro 5.1. Inversión de La vida secreta de las palabras *(2005)*

Inversores	*Porcentajes*
Televisión Española	20
Canal Plus	7,5
Agente internacional	7,5
Crédito del ICAA	25
Riesgo de la productora	15
Coproductora/Media Pro	25
Total	100

Fuente: Elaboración propia a partir de datos de El Deseo.

Ante esta situación y motivado por la imposibilidad de asumir un mayor riesgo empresarial, El Deseo se plantea la posibilidad de dar entrada a un coproductor. Finalmente, Media Pro se incorpora como empresa coproductora y asume el 25% del proyecto.

La reducción de las inversiones televisivas respecto al pasado viene motivada, como se ha explicado en el capítulo primero, a consecuencia de la fusión entre las plataformas de televisión Vía Digital y Canal Satélite Digital. En la época en que ambas pujaban por la compra de derechos cinematográficos, las inversiones de las televisiones eran mucho más elevadas. Sirve como ejemplo el anterior trabajo *Mi vida sin mí* (Isabel Coixet, 2003), también producido por El Deseo, en el que la compra de derechos de Canal Plus y de Antena 3 había ascendido en torno a un 20 y a un 22%, aproximadamente.

Una vez que las televisiones deciden firmar la adquisición de los derechos, envían a la productora una propuesta económica y un borrador del contrato en donde se establecen las cláusulas correspondientes a la duración de la cesión de derechos de explotación televisiva, al número de pases y al territorio o territorios para los que se ceden. Lo habitual consiste en firmar una cesión de derechos para un periodo de entre cinco y siete años, de entre tres y cinco pases, pero estas cifras no son nunca exactas y extensibles a todas las producciones. En lo que afecta a las fórmulas de pago, hubo un tiempo en que se negociaba la entrega de una cantidad económica a la firma del contrato. En la actualidad, Televisión Española paga dentro de los quince días siguientes a la entrada en vigor de su ventana, es decir, de su periodo de emisión, más o menos unos 24 meses después del estreno de la película en sala. La fórmula que aplica Canal Plus es similar, haciendo efectivo el pago a los 90 días de entrada en vigor de su periodo de emisión. Aunque, como ya se ha planteado en la introducción, las circunstancias en el mundo de la producción cinematográfica española están siempre supeditadas a múltiples factores, por lo que las condiciones y cláusulas contractuales nunca obedecen a unas reglas únicas o a unas normas estrictas. Todo tipo de negociación en el sector de la producción cinematográfica y audiovisual es relativa, lo que permite imaginar la incertidumbre empresarial que esta situación genera.

En cualquier relación contractual de venta de derechos de explotación televisiva realizada con Televisión Española, existe una cuestión que no se debe obviar. Su posibilidad de difundir las producciones a través del Canal Internacional de Televisión Española implica que pueden llegar a solaparse algunos derechos de la distribución internacional en determinados países, por lo que se debe establecer, *a priori,* una buena conjunción entre los pases del Canal Internacional y aquellos países en donde los derechos de explotación televisiva entren en vigor.

Otra cuestión que no se puede descuidar es la propuesta de venta de derechos de explotación ilimitada. Esta situación no solo perjudica a la productora limitando la venta de derechos a otros canales de televisión, sino que devalúa y debilita al mismo tiempo las producciones en el seno de la misma cadena.

En lo relativo a la distribución en sala, desde hace unos años y a consecuencia de la crítica situación de la taquilla, los distribuidores han dejado de realizar adelantos económicos. Hoy en día, y en el mejor de los casos, se pueden hacer cargo del coste de la publicidad y de las copias, pero una vez iniciada la explotación comercial en sala, comenzarán a descontar las cantidades correspondientes al productor, además de una comisión que puede oscilar entre un 20 y un 25% sobre los ingresos brutos de taquilla (hace años llegaron a existir incluso los adelantos garantizados, es decir, un dinero que el distribuidor adelantaba y el productor no tenía que devolver, independientemente de los resultados de taquilla). Las negociaciones son siempre independientes para cada proyecto. Las distribuidoras analizan la anterior repercusión que han tenido los distintos directores y las características de sus producciones. En el caso del cine de Almodóvar, los adelantos para publicidad y copias pueden ascender hasta un millón de euros, que el distribuidor recuperará sobre los ingresos brutos de taquilla sumando, además, una comisión de entre un 12 y un 15%. La negociación del porcentaje de la distribución sobre la recaudación de taquilla se irá modificando cada semana en relación con un determinado tipo de variables, como el tiempo transcurrido desde el estreno, el tipo de circuitos (variables de población) y el tipo de salas.

Si existe una particularidad que diferencia a El Deseo de otras empresas de producción, son sus fuentes de financiación, originadas a partir de su relación con las ventas internacionales. A consecuencia de la distribución exitosa de los proyectos de Pedro Almodóvar, la productora se ha convertido, además, en garantía de proyectos interesantes para los agentes de ventas internacionales.

Un agente de ventas internacionales es habitualmente una compañía que tiene acceso a todo el mercado mundial y conoce a qué distribuidor le puede interesar en cada país un determinado tipo de proyecto. Los agentes internacionales no detentan los derechos de explotación de las producciones, simplemente actúan como mediadores de esos derechos, los mueven y se los venden a otros distribuidores interesados en adquirir los derechos de explotación comercial para cada país o territorio determinado, para todos los formatos (cine, televisión y vídeo) y para todas las modalidades de exhibición (salas, vídeo, televisión de pago, *pay per view*, televisión en abierto). Asisten a los festivales internacionales y suelen ser ellos mismos los que contactan con un productor cuando detectan un título de éxito internacional. En lo que afecta a las películas de Almodóvar, mientras que la distribución en España pertenece a Warner Bros. Entertainment España, de las ventas internacionales se encarga Focus Features. La posición de fuerza que mantiene El Deseo le permite restringir territorios que directamente negocian ellos mismos. Además de ahorrarse la comisión que el agente internacional cobra por cada venta, esta situación obedece a una sólida relación de confianza establecida con algunas compañías durante años. Con Sony Pictures Classics en Estados Unidos, con Pathè en Reino Unido y en Francia y con Warner Bros. en Italia, existe una atípica relación mediante la cual, e incluso sin haber leído el guion, se les garantiza la venta de derechos de explotación comercial de las futuras producciones.

Esta posición privilegiada facilita, en ocasiones, la accesibilidad para presentar otro tipo de proyectos firmados por otros directores. Lo habitual es que los contactos se inicien ya en la preproducción. La situación ideal consiste en llegar a la firma de un acuerdo antes de iniciar el rodaje, lo que se traduce en un importante adelanto de distribución para financiar el proyecto. Entre las cláusulas contractuales que se firman se recoge:

1. La cuantía económica del adelanto.
2. El tiempo de duración del contrato.
3. El territorio o territorios para los que se acuerda la cesión de los derechos de distribución.
4. El porcentaje de comisión que se lleva la compañía por cada venta.
5. El límite de gastos que pueden alcanzar sin consultar a la productora cuando asisten a un festival a vender la película, puesto que se los van a descontar de los futuros ingresos.
6. Las restricciones: la obligación de usar el mismo cartel para todo el mundo, o la obligación de consultar si hay que realizar cualquier modificación sobre el cartel original.
7. Los materiales que hay que entregar (fotografías de rodaje en color y blanco y negro, tráiler, copias).

Finalmente, El Deseo firmó un acuerdo de ventas internacionales para *La vida secreta de las palabras* con la empresa Focus Features International, para la distribución y explotación internacional del largometraje fuera de España. Los acuerdos de distribución afectaron a los siguientes territorios, mencionados de mayor a menor implicación de mínimos económicos garantizados: Japón, Francia, Alemania, Benelux, Suiza, Turquía, Polonia, Portugal. Por otra parte, las negociaciones de mínimos garantizados también afectaron a las siguientes zonas geográficas: Latinoamérica (excepto Brasil), Reino Unido, Escandinavia, Corea del Sur, Australia y Nueva Zelanda.

5.3. Los procesos creativos en el caso de *La caja 507* (Enrique Urbizu, 2002): la producción ejecutiva de Iberrota Films

Después de una serie de años trabajando para otras empresas, en 1997, el productor Fernando Victoria de Lecea decide constituir su propia productora, Iberrota Films, con el fin de poder impulsar sus propios proyectos y asumir una función más creativa dentro de los mismos. Las primeras producciones que germinan en el seno de la empresa se originan a partir del trabajo en común con Enrique Urbizu, uno de los directores más independientes y con unas señas de autoría más reconocidas en el panorama cinematográfico español. Fruto de esta colaboración se van a realizar dos de sus producciones más brillantes, *La caja 507* (Enrique Urbizu, 2002) y *La vida mancha* (Enrique Urbizu, 2003).

El perfil de Fernando Victoria se fragua a partir de su trabajo como director de producción, para finalmente acabar asumiendo la producción y la producción ejecutiva de sus propios proyectos. Al igual que le sucede a Enrique Urbizu, asume un estilo de trabajo muy personal al abordar la gestión de sus proyectos, lo que le ha llevado en los últimos años a convertirse en un solicitado productor ejecutivo y director de producción, fundamentalmente, para proyectos franceses e internacionales rodados en España.

Producto de las conversaciones mantenidas con el productor Fernando Victoria y con el director Enrique Urbizu, se inicia el recorrido por un modelo de desarrollo que se ejemplifica a partir de la primera producción desarrollada en el seno de Iberrota Films: *La caja 507*. La singularidad del proyecto (dando por supuesto que se trata de una de las películas clave en el cine español de los últimos años) y de ahí el motivo de que la elección para su análisis radique en que la actuación de Iberrota Films se limita a gestionar la producción ejecutiva y la dirección de producción, quedando al margen de detentar los derechos de propiedad de la película, así como la resolución de la financiación, que es asumida por la empresa productora Sogecine, participada mayoritariamente por Sogecable (empresa perteneciente al Grupo PRISA). El coste de la producción fue de 2.900.000 euros. Sogecine buscó como vías de financiación la venta de derechos de explotación a Canal Plus y a Televisión Española, la venta de la distribución en salas y DVD a Warner y las pertinentes ayudas automáticas y la amortización del Ministerio de Cultura. En lo relativo a la distribución internacional, esta no llegó a fraguar y no se realizaron las ventas.

5.3.1. Origen del guion: la elección del tema y su escritura

El director de cine, Enrique Urbizu, comienza a escribir un guion a raíz de un viaje por el sur de España. La historia de *La caja 507* surge de una idea, concretamente de un paisaje; de la dialéctica que se origina entre el contraste abrupto de un paisaje natural, abierto a la costa, al mar, en Algeciras, y el paisaje retorcido del ladrillo, de las grúas, de la especulación inmobiliaria, de Marbella, es decir, la distribución de la riqueza. La estructura del guion germina de una doble confluencia, la de una realidad apenas contada en la ficción cinematográfica española y la de un tema del que claramente emana una forma cinematográfica. *La caja 507* cuenta la historia de Modesto Pardo (Antonio Resines), un director de banco que sufre un secuestro en su propia sucursal bancaria. El suceso hace que descubra en una de las cajas de seguridad información relacionada con un incendio en el que falleció su propia hija. A partir de ahí inicia una investigación y un viaje personal que le llevarán a descubrir los intersticios de una sociedad contemporánea corrupta y plagada de miserias humanas.

Cuando se enfrenta a la elección de las ideas, de los proyectos, Urbizu apunta que, *a priori,* no descarta ningún tema. Por ejemplo, proyectos condescendientes con la autoridad y con el poder. Defiende su convicción, citando a Buñuel, de que las películas, además de entretener al espectador, tienen que contar que no vivimos en el mejor de los mundos posibles. Los temas buenos son aquellos que te permiten hacerte preguntas, iniciar un camino de búsqueda, de exploración. El interés por el tema siempre parte del espíritu personal de cada autor: a algunos, como a él, le interesa más el componente social y político de la realidad, por lo que se fija más en unos temas que en otros.

La idea de *La caja 507* establece una estructura doble o bicéfala en torno a dos personajes, dos vehículos para hacer ese viaje hacia arriba y hacia abajo a lo largo de la costa. El personaje de Modesto Pardo (Antonio Resines), un hombre normal, de la calle, que descubre la gran estafa en la que está viviendo, y el de Rafael Mazas (José Coronado), un representante del estamento policial que se ha pasado al otro lado, al del delito.

Posteriormente se pasa a una fase de documentación: la prensa diaria y la hemeroteca son fundamentales. El guion, ya esbozado en una fase previa, comienza, a partir de la documentación, a "alimentarse" de la realidad rica en detalles, frecuentemente inauditos.

En ese momento, la escritura del guion se refuerza con la incorporación de otro guionista al proyecto, Michel Gaztambide. De manera paralela a ese constante proceso de documentación, durante el cual la prensa diaria se convierte en una fuente inagotable de información (se produce la primera detención del entonces alcalde de Marbella, Jesús Gil, y de algunos asesinatos de las primeras intervenciones de mafias italianas y del Este que irrumpen en la costa del Sol), el guion se escribe y reescribe durante un año y medio largo en el que se suceden varias versiones, hasta el punto de llegar a alcanzar únicamente quince folios entre su sexta y séptima versión. En el cine de género los guiones, remarca Urbizu, deben tener total precisión para que todas las piezas encajen. No se pueden permitir ciertas libertades.

Posteriormente, durante la preproducción se desarrolla también un intenso proceso de investigación: cómo trabajan los bomberos para esclarecer los orígenes de un incendio forestal, de qué material están hechas las cajas de seguridad, cómo funcionan los circuitos de seguridad en las cajas fuertes de los bancos o cómo es el día a día en la vida de un director de una sucursal bancaria. Los viajes de localizaciones a los lugares donde se desarrolla la historia ayudan definitivamente a enriquecer el guion, bien con la incorporación de nuevas localizaciones y de nuevos personajes (mujeres andaluzas que en periodos de sequía esperan la llegada del camión de agua potable), bien por la ambientación generada a partir de la influencia de músicas de jóvenes de la zona, o el mismo disco *Omega* de Enrique Morente.

5.3.2. Desarrollo del proyecto: la búsqueda de un productor y la financiación

En 1999, Fernando Victoria de Lecea y Enrique Urbizu deciden presentar un proyecto a la empresa de producción Sogecine (Sociedad General del Cine, S. A.). En aquel momento, Fernando Victoria, a raíz de su experiencia de trabajo con Sogecine como director de producción, entiende que están apostando por una serie de proyectos muy interesantes en cuanto a calidad y cierta dimensión en el presupuesto. Sogecine apuesta por el proyecto e Iberrota se compromete a realizar la producción ejecutiva del mismo.

Únicamente hay que salvar un pequeño obstáculo para poder avanzar en el proyecto. Los derechos del guion habían sido vendidos anteriormente a otra productora que nunca llegó a utilizarlo, y para poder afrontar el proyecto Sogecable debía recuperarlos asumiendo la compra de los mismos. Una vez solventado este asunto, se inicia un proceso de escritura del guion que, como se ha indicado, va a durar un año y medio. Durante todo ese tiempo, las distintas versiones del guion son escrupulosamente sometidas a continuadas lecturas e informes en los que se vierten comentarios y sugerencias que, en algunos momentos, llegan a afectar más a la forma que al fondo de la película. El proceso es largo y exige de los guionistas un doble compromiso: la defensa de sus convicciones creativas y, al mismo tiempo, una gran capacidad para abrirse a nuevas ideas. Finalmente, el recorrido resultó ser fructífero y muy constructivo. Porque tanto la complicidad que depositó en el proyecto el productor por parte de Sogecine, Gustavo Ferrada, como el pivote de seguridad que ofreció Fernando Victoria de Lecea desde Iberrota, fueron absolutas. Como guionistas tuvieron la confianza de que, si escribían determinadas cosas, las iban a poder rodar en justicia y así fue. Tampoco es una película de escenas de gran espectáculo al estilo norteamericano. La escena cara de la película era hacer un incendio forestal al inicio de la misma y la estancia de cinco o seis semanas en exteriores en localizaciones reales.

En su personal estilo de abordar el desarrollo del guion, Urbizu, más director que guionista, necesita visualizar en la expresión verbal de la escritura del guion la forma cinematográfica de la película. Si la forma (la mirada del director) está previamente definida, no resultará difícil descartar qué cosas se pueden incorporar al guion y qué cosas son inaceptables. *La caja 507* se presentaba como una película muy nítida, concisa, nada retórica y nada espectacular en cuanto al uso de la violencia física. Aun siendo una película muy violenta, esta no se explicita, únicamente se muestran los resultados de la masacre. La complicidad con la producción y la asunción de que no se trata de una película de escenas espectaculares de acción, produce una cierta seguridad de que aquello que se escribe puede ser rodado.

5.3.3. Elección del equipo técnico-artístico y sus funciones

Una de las primeras decisiones que asume la producción ejecutiva y que debe cerrar con el director durante la fase de desarrollo del proyecto afecta a la elección del reparto de la película, a la elección del equipo técnico, a la duración de la misma y al montaje final. Idealmente, todas las decisiones en una producción deberían resolverse de mutuo acuerdo y con el consenso de ambas partes. El director debería estar abierto a todo tipo de sugerencias respecto a estas cuestiones, sobre todo en el caso de directores noveles, que cuentan con menos experiencia y conocimiento del sector, apunta Fernando Victoria de Lecea. Aun así, lo habitual es que se impongan los criterios del director en lo que afecta al equipo técnico-artístico (director de fotografía, director artístico, operador de cámara) y en lo relativo al reparto (sin obviar las implicaciones económicas que esto supone para la producción y la comprensión por parte de los directores de que, implicar en el cartel a determinados actores de reconocido prestigio, puede beneficiar notablemente a algunos proyectos).

En *La caja 507,* el consenso fue unánime desde el inicio de la preproducción del proyecto, tanto en la elección del equipo artístico (con José Coronado y Antonio Resines como actores principales), como en la selección de los jefes de los equipos técnicos y artísticos (director de fotografía, Carles Gusi; directora artística, Ana Alvargonzález; montador, Ángel Hernández Zoido; músico, Mario de Benito). Por debajo de los jefes de equipo, el director ya no participa en su elección (cada jefe elegirá a los integrantes de sus equipos), pero hay varios cargos que se pueden pactar, como el director de producción. Lo normal es que lo sugiera la productora con la aceptación y el consenso con el director, al igual que sucede con el ayudante de dirección, quien también tiene que contar con la plena confianza del director y del director de producción.

El director de producción se incorpora cuando arranca la preproducción. Entre sus funciones inmediatas, realiza el presupuesto estimativo o se encarga de uno que ya está aprobado, y organiza y coordina todo lo que será la preparación y ejecución del rodaje. A veces, el director de producción hace el presupuesto y el plan de rodaje (junto con el ayudante de dirección). Lleva un escrupuloso control del presupuesto diario y semanal.

En lo que afecta a la selección y a las pruebas del *casting* general, existen diversos caminos: por una parte, el director ya conoce los trabajos de algunos actores y actrices, por lo que no es necesario que realicen pruebas; con otros, sí es preferible y resulta importante hacerles compartir escenas y observar cómo funciona la química entre ellos. Una vez seleccionado, el *casting* no ensaya mucho, se hacen lecturas neutras, sin interpretar, en las que surgen las cosas que no se entienden y la línea de tono general que se quiere para esos personajes en la película. Los actores realizan muchas preguntas sobre los personajes, necesitan saber sobre ellos, hay muchas conversaciones. A veces, remarca Urbizu, se ha escrito un concepto de personaje y aparece un actor o actriz durante el *casting* que es mejor que lo que habías creado en el guion, por lo que en ese momento merece la pena volver al guion y modificar el personaje.

Durante la producción se hacen varias lecturas de guion, dos o tres con todos los jefes de equipo, al comienzo de la preproducción. Todo el mundo tiene que compartir las ideas generales, conocer las características del trabajo de los demás, cómo es y cómo queremos que sea esta película. Es imprescindible que asistan todos los jefes de equipo (director artístico, director de fotografía, efectos especiales, vestuario, peluquería, maquillaje, ayudante de dirección, producción). Una semana o dos antes de comenzar el rodaje se suele hacer la última reunión; puede ser la más breve o la más extensa, pero es la última: qué falta, qué es lo que no hemos encontrado, una especie de estados generales, la puesta en común de la preparación y puesta a punto de todos los trabajos del equipo necesarios para el desarrollo del rodaje.

De manera paralela a las lecturas de guion, tiene lugar el proceso de localizaciones. El ayudante de dirección, el director de producción, el director artístico y, si existe en la producción, un *location manager,* se reúnen con el director, y este les cuenta cómo tiene que ser cada decorado, cuál es el estilo, aquello que vale, lo que no y lo que no vale de ninguna manera, realizando una primera criba. A partir de ahí, el director artístico y su equipo se van a localizar y, en lo sucesivo, el director asistirá siempre junto con el ayudante de dirección y producción a ver las diferentes opciones de localizaciones (previamente le enseñarán vídeos y fotografías). Va a chequear todas las localizaciones, antes y después de que sean intervenidas. Seleccionadas y cerradas las localizaciones, el director perfila qué hay que retocar, añadir o quitar y, junto con el director de fotografía, establece cómo las vas a rodar, concentrando todo el esfuerzo y el dinero para la zona concreta en la que rodará. El director prefiere concretar todo lo posible las localizaciones para no gastar inútilmente en cosas que luego no se llegan a rodar.

A las localizaciones técnicas asisten hasta unas doce personas (ayudante de dirección, director de fotografía, vestuario, sonido –llegado el caso, descartan *in situ* algunas localizaciones por no poder rodar sonido directo–, regidor y director artístico).

En las conversaciones con el director de fotografía, el director define y concreta el estilo visual de la película. Establece los colores, las texturas, la nitidez, si va a haber mucho movimiento de cámara o si se va a hacer una película "muy de trípode". En *La caja 507* se inclina por la plena definición, nada de imagen suavizada, sino físicamente palpable, y también se busca transmitir sensaciones: calor, sudor, pesadez, cielos, tonos ocres, una fotografía como la de un cuadro de Rembrandt. El objetivo es hacerse entender ante quien tiene que crear la atmósfera de la película.

Con el director artístico el proceso es el mismo. Urbizu se implica en todas las decisiones estéticas de todos los equipos, desde la elección de la cartera de un personaje hasta sus calcetines. Aunque tiene su propio criterio estético, se deja aconsejar por sus jefes de equipo y, por supuesto, apuesta para que los mismos actores se encuentren cómodos con sus personajes en sus vestuarios.

A veces sí ensaya previamente en las localizaciones, porque requieren cuestiones más técnicas (si, por ejemplo, los actores tienen que conducir o cocinar). También los actores se tienen que hacer con los objetos. A Coronado le gustaba salir a cenar previamente al rodaje con la funda del revolver en el pantalón, así como usar las botas vaqueras del protagonista en su vida cotidiana. Convendría además que el director, en palabras de Urbizu, supiese hacer muchas de aquellas cosas que tienen que realizar sus actores.

5.3.4. Planificación del director

La planificación comienza en el guion y llega hasta el último día del rodaje. Hay escenas que se llevan muy bien planificadas, como son las de mayor armazón técnico y que están previamente habladas con todo el equipo. Sin embargo, hay otras escenas en las que en los primeros ensayos con los actores en el set se toman decisiones, no de manera improvisada, pero sí más en el momento. Hay algunas localizaciones técnicas, a las que va incluso el jefe de eléctricos; en ellas se explica a todos los jefes de equipo cómo se va a intervenir el decorado. El operador y jefe de eléctricos, una vez que saben qué es aquello que no se va a ver, podrán poner las luces; el ayudante de dirección sabrá por dónde comenzar el rodaje para rentabilizar mejor las horas; el ayudante de producción también sabe a partir de esa información qué camiones y qué logística puede ir aparcando y emplazando aquí y allá.

Urbizu realiza la planificación sobre planta (con números que identifican a cada plano y a cada movimiento de cámara). Esta planificación se la pasa al ayudante de dirección, que a su vez la distribuye entre todos los jefes de equipo por escrito. El que toda esta corriente de información funcione, solo le garantiza una cosa fundamental cuando llega el rodaje: poder dedicarse a los actores. Así, el equipo ya sabe más o menos lo qué se quiere, cómo se quiere, desde dónde y, además, qué es lo que no se quiere. Si todo eso está muy planificado y muy claro, será mucho más fácil improvisar y cambiar cosas. A veces habrá modificaciones, imprevistos o imponderables que obligarán a sustituir el estilo de alguna de las localizaciones durante el rodaje.

5.3.5. Plan de rodaje y rodaje

El plan de rodaje lo realiza el ayudante de dirección y para ello tiene que tener toda la información sobre la dirección y la producción. Se agrupa por localizaciones y se suele comenzar por los exteriores. La segunda opción consiste en agrupar por sesiones de actores. Si hay que realizar una serie de planos o secuencias con especificidades técnicas (*steady cam, cámara car*) también se agrupan. No es bueno iniciar el rodaje con una escena compleja (los primeros días del rodaje pueden ser muy delicados). Es recomendable comenzar por el principio del guion o por la curva dramática de los actores y, siempre que se pueda, seguir el proceso lineal al desarrollo dramático de la historia. Para determinadas localizaciones, siempre será mejor reconstruirlas y trabajar en plató. En *La caja 507,* parte de la oficina bancaria se realizó en plató. También conviene comenzar por exteriores y noches, pero depende, por supuesto, de cómo sean esas escenas. En la película se comenzó con el rodaje en exteriores, en el sur de España. Aun así, las primeras escenas correspondieron a la casa de Modesto Pardo, tranquilas y familiares. A partir de ahí ya se inició el recorrido por la geografía: Tánger, Algeciras…

El rodaje es la parte más humana del proceso. El director es el capitán, y este es el momento en que todos tienen que ver qué película hace y cómo la comparte. Debe llegar de los primeros, si no el primero, al set de rodaje. Descansado, educado y respetuoso con el equipo, recordando los nombres de todos. Pero el director también se tiene que proteger y buscar sus ratos de soledad para estar consigo mismo. El rodaje es inequívocamente el momento de dirigir a los actores. Y habrá que disfrutarlo y estar relajado. A veces, algún actor es difícil y habrá que tener mano izquierda (por eso son importantes los *castings*). Hay que canalizar la energía porque son muchos días de rodaje y de poco descanso. Hay que saber buscar momentos de reflexión y descanso en medio de un rodaje. A Urbizu le gusta quedarse en el set, concentrado, envuelto en la ficción. Reposando que está viviendo un sueño, que está rodando una película y que todo eso que ha visualizado durante meses y que nadie ha visto comienza a tomar forma. Se produce un ensimismamiento similar al que provoca la escritura, solo que en un rodaje se está rodeado de gente. Por eso también valora y ensalza el trabajo en equipo.

5.3.6. Música de la película y proceso de montaje

Urbizu trabaja con el músico Mario de Benito desde el guion. Su función como director consiste en transmitirle cómo suena la película. Por sus características y por sus personajes, esta tiene que sonar a guitarra española, a aires flamencos, al dolor de Modesto Pardo a través de voces y coros, a algo que salga de dentro. Le sugiere sonidos, tonos, algún capricho: cuando Coronado persigue a Resines suenan una especie de cascabeles, como el sonido de las espuelas de los vaqueros. El músico comienza entonces a trabajar con esos conceptos y, a partir de ahí, va creando. No suele asistir a las localizaciones ni al rodaje. Ve imágenes de la película en la medida en que le van llegando, igual que sucede con el montador. A este también le ha transmitido cómo es el ritmo y la planificación de la película, por lo que a partir de la primera semana en que recibe el material comienza a hacer su trabajo.

Mientras que hay músicos a los que les suele gustar que le lleguen imágenes montadas, otros no comienzan sus composiciones hasta que no tienen el montaje final de la película.

El momento de grabación de la música es excepcional. Asistir a su reproducción por una orquesta supone para el director un placer absoluto durante el que ya no cabe su intervención, al contrario de lo que posteriormente sí sucederá durante las mezclas.

El montaje supone una prolongación de ese estado de hipnosis que se alcanza durante el rodaje, por lo que conviene iniciarlo de manera inmediata a la finalización del mismo. La confianza con el montador y que este no haya asistido al rodaje son dos situaciones claves para afrontar el montaje. Su objetividad y su distancia le permitirán ver aquello que no funciona. El montaje se convierte en un retorno al guion: eliminar diálogos, cambiar el orden, suprimir, crear otro ritmo, alargar, estirar... Normalmente, si el rodaje ha ido bien, se llega al montaje sin muchas sorpresas. Aun así, siempre existe un margen, aquello que leído funcionaba bien, a veces no funciona puesto en imágenes. Un guion tiene además ciertas holguras, ciertas escenas que, incluso, durante el rodaje se pueden no llegar a rodar, las denominadas escenas trampa. También existen cosas que no llegan a funcionar. Una técnica eficaz antes de rodar consiste en cronometrar los guiones. Posteriormente, cuando se rueda la escena, conviene preguntar su duración a la *script*. No todas las escenas duran lo mismo, pero la media aproximada puede ser un folio por minuto. Por supuesto, hay escenas de un folio que tienen otra duración, pero en un guion de 120 minutos son cuatro escenas como mucho. El guion de *La caja 507* tiene 117 páginas y la película dura 110 minutos. Algunas cosas no se rodaron y otras no se montaron, pero fueron muy pocas.

Mientras los americanos ruedan películas muy extensas durante seis meses, en el cine español existe una especie de obligatoriedad implícita para medir estas situaciones. En España hay poco dinero y hay que ajustarlo mucho. Si se rueda seis semanas y no se monta lo rodado durante dos de ellas, se comete una absoluta irresponsabilidad. Resulta mucho más barato descartar sobre guion. Hay que tener la madurez suficiente para entender dónde se está trabajando, aunque, al mismo tiempo, esto suponga afrontar una autocensura económica.

Es la economía de subsistencia del cine español. Y tiene que ver con la responsabilidad industrial que tiene un director de cine.

Anteriormente, el proceso de montaje duraba unos tres meses. Ahora, con un AVID, son suficientes quince días para una primera versión de montaje en bruto y hacerse una idea para saber qué se tiene entre manos. La historia está en el guion, que es el que te da la dimensión del montaje. *La caja 507* es una película por corte. Otras películas están organizadas por fundido a negro al final de cada jornada. Lo que funciona está pensado muchos meses antes de empezar el rodaje. El momento delicado llega cuando se ve la película entera y seguida. A partir de ahí, el montador de sonido comienza a trabajar. Es el momento en que el director reposa durante unos días el trabajo y regresa al cabo de una semana a verlo de nuevo. El productor es quien ve la película en primer lugar.

Junto con el montador de sonido se definen algunos estilos: si lo que se persigue es una riqueza de ambientes o un paisaje sonoro barroco o austero. Se seleccionan fondos, *wild tracks* y los ambientes que el jefe de sonido directo habrá grabado durante el rodaje. Posteriormente, durante las mezclas, si se aprecia una saturación de ambientes, se pueden eliminar cosas. Las mezclas son el último territorio de libertad de decisión que le queda al director. En ese momento se decide el paisaje sonoro de la película, los volúmenes, qué temas de música entran, qué umbral tiene, si es alto o si es bajo. En *La caja 507* el volumen es muy bajo, es una película silenciosa. Tan importante es el efecto sonoro de la película como el visual. Por decisión personal, Urbizu tiene dudas con la elección de las músicas y tiende a eliminarlas. Cada película, reivindica, tiene su propio paisaje sonoro.

Toda respuesta a las decisiones creativas vuelve siempre al principio, a contestar la pregunta ¿cómo es la película? ¿Y de dónde viene la respuesta a cómo es la película? ¿De qué trata, de qué va *La caja 507*? *La caja 507* trata de un territorio, de la indiferencia ante la especulación y la corrupción del sistema. Todo está ahí. También es cierto que surgen miles de ideas durante el proceso de una película que no sirven en concreto para esa, pero que se quedarán ahí para las siguientes. Ser cineasta es un oficio que dura las veinticuatro horas del día. Por eso se está lleno de todo lo que se ve por la calle: del comportamiento de cómo está el mundo, de cómo es la vida de la gente, de sus hábitats, de leer, de los libros, de los buenos libros, de la literatura, de imaginar.

5.4. La producción ejecutiva de una miniserie para televisión: el caso de *El asesinato de Carrero Blanco* (Miguel Bardem, 2009)

La productora española BocaBoca Producciones, creada en 1988 y convertida en la actualidad en la marca audiovisual de Veralia, está especializada en series de ficción, cine y entretenimiento. En el año 2011 desarrolla el proyecto de miniserie *El asesinato de Carrero Blanco*. En la actualidad, la empresa emplaza en la parrilla televisiva programas de ficción y entretenimiento, además de investigar el desarrollo de nuevos formatos que se exportan a otros países.

5.4.1. Origen del proyecto

En el año 2009, Nacho Faerna es productor ejecutivo en la productora BocaBoca. En el marco de su rutina profesional prepara y presenta proyectos a todas las cadenas, en función de lo que estas demandan y desarrollan. En esa época, Televisión Española apuesta claramente por miniseries de dos capítulos, con una veta muy marcada hacia lo histórico. Ese año, el productor presenta conjuntamente dos proyectos de miniserie a Televisión Española con un perfil parecido. Por una parte, *El asesinato de Carrero Blanco* y, por otra, *La matanza de los abogados laboralistas de Atocha*. Ambas producciones obedecen a una época del periodo anterior al de la Transición española, y en ellas sobrevuela la idea inicial de intentar amortizar la producción de ambas al desarrollarse en un tiempo similar de la etapa de la Transición. Aunque sobre estos acontecimientos ya existían películas muy significativas –*Siete días de enero* (Juan Antonio Bardem, 1979) y *Operación Ogro* (Gillo Pontecorvo, 1979)–, al mismo tiempo, se habían producido hallazgos, descubrimientos, hechos y revelaciones que se desconocían hasta entonces y permitían aportar un enfoque argumental diferente sobre los sucesos acaecidos.

En Televisión Española les interesó *El asesinato de Carrero Blanco*. Para el productor ejecutivo, a la motivación personal de poder trabajar sobre hechos muy relevantes de nuestra historia reciente se sumó la aparición de nuevos datos reveladores, surgidos en los últimos años, lo que parecía hacer necesario volver a replantear estos hechos históricos. En sus palabras: "La razón por la que pensé en Carrero Blanco es que hay dos reportajes que se emitieron con motivo del 25 aniversario del asesinato de Carrero Blanco. Uno, del programa *Equipo de investigación* de Antena 3 que dirigía Carlos Estévez, aportando nuevos testimonios sobre lo que sucedió en aquella época, y otro de *Informe Semanal*, con guion de Alicia G. Montano. Ambos me sorprendieron y me pareció que había que volver a contar aquellos hechos. Cuando vimos que había un hueco en TVE para este tipo de historias, lo presentamos y les gustó el enfoque de Carrero Blanco, es decir, qué era lo que había detrás del asesinato y, automáticamente, firmamos un contrato de desarrollo para escribir el guion, y entramos en producción".

Como el hecho histórico era muy conocido, simplemente se contó cómo iba a ser el planteamiento de la historia, "qué íbamos a contar que no se hubiese contado antes sobre el asesinato del militar español Luis Carrero Blanco, el 20 de diciembre de 1973, cuando desempeñaba el cargo de presidente del Gobierno de España". El objetivo consistía en abordar todas las dudas y las incógnitas que habían surgido sobre el atentado en estos últimos cuarenta años. En definitiva, una propuesta argumental, de contenido, y para ello se presentó como una miniserie de dos capítulos.

El proceso de negociación del guion con la cadena fue muy fluido, con mucha sintonía desde el principio, y estaba muy claro lo que se pretendía hacer. Los autores querían que fuera un *thriller* político, y tanto en el contenido como en cuanto a necesidades de producción, siempre estuvo muy claro el tipo de proyecto.

5.4.2. Desarrollo del guion

A finales de 2010 se firma el contrato de desarrollo. El primer paso consiste en escribir un tratamiento de los dos capítulos y, una vez hecho, se obtiene la primera versión de guion. El guion lo escribe el propio Nacho Faerna con Mercedes Cruz e inmediatamente se da luz verde a la producción. Desde que se ponen a trabajar hasta que obtienen una primera versión de guion pasan tres o cuatro meses. Una vez agotado el contrato de desarrollo (por el que les pagaron una cantidad que sufragaba los gastos de desarrollo y del guion), la cadena puede tomar la decisión de seguir adelante o no. En este caso estaba muy claro que, cuando se aborda la fase de desarrollo, se estaba a un paso previo, con voluntad de la cadena, de producirlo. Por lo tanto, se escribe el guion con la conciencia real de que había un 90% de posibilidades de que el proyecto seguiría adelante.

En pleno proceso de escritura se recurre a documentación consultada en las hemerotecas y a muchos libros publicados durante esos años. De manera paralela, también se hace un documental para acompañar al proyecto y que sea emitido después de la miniserie: *Carrero Blanco, el consejero fiel*, totalmente autónomo y realizado por el departamento de documentales de BocaBoca. Ahí surge la oportunidad de tener acceso, entrevistar y hablar con familiares de Carrero Blanco que sí aparecen en el documental (al menos dos de sus hijos), pero se desestima para el proceso de documentación del guion porque en realidad esa información ya estaba publicada y era la parte más personal de Carrero Blanco. Se contó con una biografía escrita por Javier Tusell, *Carrero. La eminencia gris del régimen de Franco* (1993), que aborda con profundidad al personaje.

Por otra parte, sí hubo una entrevista con un ex poli-mili que estaba en activo en el año 1973 y conocía la banda terrorista desde dentro, lo que permitió conocer detalles de fondo, cómo era y cómo funcionaba la organización de aquel entonces. Básicamente había mucho material publicado. Hay cuatro libros de investigación de referencia, la biografía escrita por Tusell, el propio libro sobre la Operación Ogro. "Existía mucha información y a partir de ahí organizamos el guion".

5.4.3. Búsqueda y concreción de localizaciones: del guion al rodaje

Durante el proceso de escritura lo que suele suceder, en la medida de lo posible, es que se plantean las localizaciones originales sobre los sucesos acaecidos. Nacho Faerna así lo explica: "Aunque, por ejemplo, rodamos en la iglesia de los jesuitas en Madrid, lugar al que Carrero acudía a diario a misa, no pudimos rodar en la misma calle Claudio Coello, lugar del atentado, porque esta ha cambiado mucho y es muy difícil cortarla al tráfico. El guion sufre un proceso de adaptación en la medida en que se van cerrando localizaciones, lo que implica que está muy abierto hasta que se empieza a rodar e incluso más adelante". Esto, por supuesto, implica reescrituras de guion posteriormente a la realización del proceso de localización.

El rodaje de las escenas de la miniserie que transcurren en Euskadi se limitó a dos días (durante la segunda semana de rodaje). Se viajó un domingo y se rodó lunes y martes, regresando a Madrid el miércoles. Cuando se realiza el desglose de producción de todo lo que allí habría que rodar, el conjunto total de lo que transcurría en el País Vasco no cabía en el tiempo total del rodaje de la miniserie (cinco semanas). Se descartaron los interiores y solo se rodaron allí los exteriores, lo que indefectiblemente había que rodar allí. Durante el proceso de búsqueda de localizaciones se toma la decisión de dónde se rueda y se concreta que todos los decorados naturales tienen que estar muy concentrados, los espacios muy cerca unos de otros, por eso todo se rodó en los alrededores de San Juan de Luz, para poder hacerlo en dos jornadas. Todo esto implicó muchos cambios de guion. Por ejemplo, la iglesia donde se hace el pago del rescate estaba previsto que fuera un hotel de Bayona (porque era un hecho real), pero realizando las localizaciones descubren dicha iglesia y el productor ejecutivo entiende que aportaba y dimensionaba mucho más la historia: "De alguna manera conectaba con los orígenes de ETA y cinematográficamente resultaba muy verosímil, aunque no dejaba de ser una licencia dramática de las muchas que nos permitimos". Es crucial estar abierto a realizar cambios de guion porque siempre pueden aparecer localizaciones que resulten mejores opciones. Otros dos ejemplos: uno, al principio de la película, donde hay una secuencia que está rodada en Cercedilla, en la sierra de Madrid, y pasa por ser el País Vasco Francés; otro, el encuentro que tiene lugar entre los miembros del comando, después de la liberación de Zabala, y que inicialmente, en el guion, no estaba situado en el puerto, pero se decide y se modifica, a partir del mismo proceso de localizaciones, que esa secuencia tendrá lugar en el puerto, donde no hay que realizar ninguna intervención y en la que, sin duda, lo que más se remarca, por su propia naturaleza, es que aquello es Euskadi.

Estos son cambios que se hacen después de ir a localizar, por lo que un buen localizador es imprescindible. Por otra parte, en un edificio de Madrid están rodados el 60% de los interiores de la película, un edificio de oficinas de la década de 1970 que tiene muchas cosas que no había que tocar, aunque luego se realizaron varias intervenciones, pero permitió tener allí centralizado todo el vestuario y el atrezo, y funcionó como plató. Allí se reconstruyeron la Jefatura Superior de la Policía, el colegio donde hacen la votación los etarras cuando se reúnen en asamblea, uno de los pisos francos, la pescadería, el garaje donde está el coche de Carrero Blanco, la casa del portero, todo el interior del sótano y el túnel, una comisaría y los calabozos la DGS.

5.4.4. Presupuesto y decisiones de producción ejecutiva

Desde ya hace un tiempo, Televisión Española cuenta con un presupuesto más o menos estándar para este tipo de proyectos, con independencia de las necesidades de producción de los mismos, al margen de que sean históricos o no, por lo que se escriben conociendo de antemano esta situación. El proyecto *El asesinato de Carrero Blanco* es una coproducción de una miniserie con los siguientes porcentajes de participación: TVE (70% de participación), ETB (20%) y la productora BocaBoca (10%); un régimen económico habitual en TVE en el caso de las miniseries y *TV movies*. Asimismo, TVE tiene una rutina de colaboración con televisiones autonómicas y, en este caso, lógicamente por el tema, surge como socio ETB. Todo fue muy fácil porque no necesariamente había que tener una coproductora vasca en el proyecto. Además con ETB no hubo ningún problema, ni exigencias de ningún tipo, ni artístico, ni técnico, ni de rodaje allí. Por otra parte, ETB tenía por contrato la primera ventana de emisión televisiva. *El asesinato de Carrero Blanco* se estrenó en ETB en junio de 2011 y en TVE en diciembre de 2012.

Uno de los aprendizajes que se extraen, después de hacer una ficción de época, es que permite analizar y concluir hasta dónde es oportuno llegar con las necesidades de producción. Una de las más sólidas conclusiones que extrajo en este caso el productor ejecutivo es que "hubiese reducido muchísimo en el equipo artístico". En esta miniserie se cuenta con muchos actores porque la historia misma lo pedía, pero en el equipo artístico se va una parte muy importante del presupuesto. Tener menos actores, menos sesiones, reduce drásticamente el equipo y, por tanto, el coste. Parece conveniente focalizar la historia en muchos menos personajes. Porque cuando uno piensa que en una película de época lo caro es la logística: para las localizaciones, se recurre constantemente a patrimonio o a instituciones que tienen tarifas caras; hay que abordar muchos problemas en los exteriores porque, aunque no tienen ningún coste o un coste bajo, posteriormente hay que realizar intervenciones de arte, de efectos digitales; tampoco hay mucho margen para incluir mucha figuración. Los carruajes, los caballos, todo eso es carísimo para una producción tan pequeña. Sin embargo, haciendo época, ineludiblemente, es mejor no recortar tanto en eso y quizás sí en lo que sale realmente más caro, sea o no sea época, que es en tener cuarenta actores con sus respectivas sesiones. Por otra parte, el *casting* es fundamental, porque son los actores los que cuentan la historia, y también es necesario tener siempre a los mejores actores posibles.

La duración del rodaje fue de casi cinco semanas, entre octubre y noviembre de 2010. Había setenta actores y reducirlos hubiese supuesto una cuestión técnica de guion, de reducción de los puntos de vista. El productor ejecutivo, Nacho Faerna, identifica tres puntos de vista: el aportado por los etarras, el de la policía y el de los políticos. Cuando se desarrollan, cada uno de ellos da lugar a muchos personajes. El mundo de la política y el mundo de la conspiración para matarlo. Los malos y los buenos. Reducir es adoptar una solución técnica narrativa. Por eso, es muy importante que la figura del responsable de la producción ejecutiva sea el mismo que el responsable del guion.

Una vez se finaliza el guion, el siguiente paso es montar el equipo. Una de las primeras decisiones consiste en proponer y elegir un director, cuestión que se negocia con la cadena. Es importante encontrar a alguien afín, que asuma lo que se ha hecho hasta el momento, que asuma el planteamiento del productor ejecutivo. En televisión, el productor ejecutivo es el último responsable creativo. Cuando se trata de una serie de ficción es más fácil de entender, porque esta tiene varios directores y el productor ejecutivo tendrá que estar al frente de ellos. Pero, cuando se trata de una miniserie o de una *TV movie*, ese equilibrio tiene que quedar más claro, solo se cuenta con un director, por lo cual el productor ejecutivo tiene que dejar hacer su trabajo al director, pero el director tiene que asumir que tiene que contribuir a muchas decisiones creativas que ya están tomadas. En el caso de esta miniserie y el planteamiento que se realiza a TVE, implicaban a un director que tuviese edad suficiente para tener un recuerdo personal de la época. Pero, posteriormente, se optó por un director más joven, pero que sumaba la referencia del cine político de su padre. La referencia estilística era muy importante. Además de conocer bien a Miguel Bardem y de haber trabajado previamente con él –rodaron juntos *La mujer más fea del mundo* (Miguel Bardem, 1999)–, Nacho Faerna lo propuso como director y lo describe como un profesional con mucho oficio, que es rápido, capaz de resolver y de ser muy narrativo. Al mismo tiempo, también surgía la oportunidad de darle a Miguel Bardem la posibilidad de hacer una película como la de su padre, Juan Antonio Bardem (hay que recordar que en el proyecto inicial se incluía el tema de los abogados laboralistas de Atocha, tema central de la película de Bardem padre *Siete días de enero*): porque cuenta con la referencia de haber vivido esas películas y esa época en primera persona. El productor ejecutivo defiende que este director aportaría una impronta creativa muy personal de cómo afrontar los hechos reales. Y *El asesinato de Carrero Blanco* tiene esa impronta. Miguel Bardem aceptó y el productor ejecutivo apunta una relación muy fluida durante el proceso de producción.

Nacho Faerna entiende la producción ejecutiva desde el guion, desde la presentación del proyecto, defendiendo que la figura del guionista-productor aporta mucho al proyecto. Por supuesto, podría no ser responsable del guion, pero cree que esta dualidad aporta mucho más a la obra audiovisual. Desde el principio del proyecto, durante todo el proceso, y en el caso de la televisión, está todavía más justificado, y más aún si se trata de series, el que haya una persona responsable que esté en todas las tomas de decisiones. En este escenario, el director tiene que aceptar sumarse a un proyecto que ya está en marcha, que arrastra una serie de decisiones ya tomadas. Pero, como el objetivo consiste en que el director se implique creativamente, participa activamente en el *casting*, una decisión que se hace de común acuerdo, porque además, como hay que contar con la aprobación de la cadena, el objetivo consiste en que el director, que va a liderar un proyecto que el productor ejecutivo está desarrollando, proponga además el equipo, su equipo técnico inmediato (montador, ayudante de dirección, director de fotografía...), que son aquellos que le van a ayudar en su trabajo en primera instancia, por lo que tendrá que ser gente de su confianza. En esa decisión de jefes de equipo artístico y equipo técnico consensuado entre productor-director, hay que contar también con el visto bueno de la cadena. En el caso del equipo técnico la cadena no se suele meter. En *El asesinato de Carrero Blanco* se les comunica el equipo técnico y todo les parece bien, pero sí es cierto que con el equipo artístico, con *casting*, se trabaja más con la cadena. Inicialmente se les hace una propuesta con un máximo de tres nombres por papel y ellos también expresan sus preferencias. En este proyecto hubo una sintonía total, y en el 90% de los casos se pudo contar con el primer nombre que se había propuesto. Tanto a la cadena como al director, el productor ejecutivo les expresa cuál es su idea del *casting*, sobre el que destaca una serie de cuestiones muy concretas: en primer lugar, en el caso de los miembros de ETA, todos los actores que los interpretaban tenían que ser vascos (y hablar en vasco, porque tenía que quedar muy claro, porque así pasa en la historia real, que no había ninguna duda sobre el origen de los miembros del comando) y que había que respetar y tener en consideración la edad, porque ninguno de los que había pasado por Madrid para preparar el atentado tenía más de veinticinco años. Como productor ejecutivo, Nacho Faerna pensaba que esto había que reflejarlo y que era una circunstancia muy relevante. Aportar a la historia el halo de verosimilitud que merece, respetando los orígenes y los acentos. Los actores, sin duda, han contribuido notablemente a darle la fortaleza y la continuidad narrativa que la historia requiere.

La presencia del productor ejecutivo en rodaje, durante todos los días (por supuesto vigilando que todo fluya según los objetivos marcados y resolviendo cuestiones, si es que hay que llegar a hacerlo), ayuda posteriormente a tomar determinadas decisiones de cara a otros rodajes, ayuda a plantear determinadas cuestiones, a entender mejor la producción. Sin duda alguna, el productor ejecutivo se gana también la autoridad para activar u opinar sobre determinadas decisiones en rodaje porque ha estado allí y el equipo lo ha visto como uno más desde el primer día de rodaje. En una *TV movie* o miniserie es más fácil estar. El director de producción es otra de las figuras que se incorpora desde el principio al proyecto y materializará la realidad de cómo sacar el proyecto adelante.

La contratación de todo el equipo técnico y artístico corre a cargo del director de producción, quien negocia los contratos y las cláusulas económicas y laborales de cada uno de los contratos.

En cuanto se incorporan al proyecto, los actores comienzan su trabajo con el director. A veces, por circunstancias de los actores o actrices, como que, por ejemplo, nunca se hayan visto sometidos a los ritmos de trabajo de la ficción televisiva, lleva a los productores ejecutivos a estar más pendientes del *casting*. De igual manera, cuando los actores preparan sus personajes y solicitan ayuda para la construcción de los mismos, suele ser el productor ejecutivo quien contraste con ellos esta información, puesto que es quien de manera más exhaustiva ha trabajado todos los procesos de documentación de la historia.

La posproducción la coordinó directamente el director de producción, cuyo trabajo en este sentido se inicia en la preproducción. Todo lo relacionado con la explosión del vehículo de Carrero implicó preparar efectos digitales en los que se implicaron tanto El Ranchito como Telson, efectos especiales de rodaje y todos los equipos habituales de arte. La coordinación y preparación se realizó previamente, con un *storyboard* muy elaborado.

La fase de posproducción, mezclas y mezclas de sonido, es en la que de nuevo se implica de lleno el productor ejecutivo, restando o aportando nuevas impresiones sobre el propio montaje y sobre las músicas. La realidad es que, como se rueda poco (por cuestiones de presupuesto y tiempo de rodaje), se queda poco material en la sala de montaje. Por supuesto, se pretende consensuar con el director toda esta toma de decisiones, aunque conocedores ambos de que la última palabra la tiene la cadena de televisión.

5.5. La producción de un documental (Catorce Comunicación): el caso de *Silvio Rodríguez, Ojalá* (Nico García, 2012)

Catorce Comunicación es una productora fundada en 2001 que trabaja para todo tipo de canales de televisión y para marcas y clientes institucionales públicos y privados. El impulsor de la empresa, el productor y director Nico García, arrastra una experiencia profesional de casi veinte años, que le ha permitido construir un currículum asentado en las bases del esfuerzo, la perseverancia y un saber hacer que hacen posible una línea de trabajo sólida y adaptada al hilo de los tiempos, lo que le ha llevado a incorporar en la producción de todos sus proyectos de vídeo, televisión, productos multimedia y nuevos soportes, los más recientes cambios tecnológicos. Catorce cuenta con un equipamiento propio de producción y posproducción que permite ofertar el control sobre todo el proceso de producción.

Entre otros clientes, la productora ha trabajado para TVE, Cuatro, Cervantes TV, Instituto Cervantes, el Ayuntamiento de Madrid, ONO, Viernes Producciones, Cosmopolitan TV, Thader TV, Fashion TV, Bocaboca, Focus, Havas Media, Fundación Affinity, ICEX, Danone, Nivea o La Casa Encendida. En el año 2011 participan en la coproducción del largometraje *Planes para mañana* (Juana Macías, 2011), que consigue el premio a la mejor dirección, mejor guion novel y mejor actriz de reparto en el Festival de Cine de Málaga.

En el año 2010 surge la idea de rodar un documental sobre la figura del cantautor Silvio Rodríguez. La génesis del proyecto obedece a tres factores: la propia trayectoria de la productora, factores de mercado y factores personales. No se puede negar que, para el productor (generacionalmente), la figura de Silvio Rodríguez era atractiva, pero, además, la trayectoria de la productora (Catorce había producido multitud de contenidos culturales y, en concreto, un documental sobre Alicia Alonso en Cuba, con el que habían sido invitados a inaugurar el Festival Internacional de Ballet de La Habana. El haber realizado un documental sobre un personaje de cierta relevancia de la cultura latinoamericana ponía al productor en la línea de afrontar un proyecto con otro personaje destacado de la cultura cubana). El tercer factor se vincula con las posibilidades de lanzar mensajes originales e internacionalmente y conseguir distribución y mercado para el proyecto, basado en el interés por el personaje, cantautor que, en su momento, tuvo mucha presencia en España y que, actualmente, casi ha desaparecido de la agenda en nuestro país. El objetivo, un documento audiovisual sobre una figura con bastante predicamento sobre una generación muy concreta, que hacía muchos años que no venía a España, que no concedía entrevistas y del que no existía una entrevista con él en profundidad. Todo esto lo convirtió en un proyecto más o menos atractivo. Quizá, la clave se fundamenta en que *a priori* todo se plantea como una posibilidad de producción y sin un objetivo fundamentalmente económico. El productor ya había estado en Cuba, en el Festival de Cine de La Habana, además de otras dos veces con la producción del documental de Alicia Alonso. Cuando le invitan a inaugurar el Festival

Internacional de Ballet de La Habana, realiza una serie de contactos para hablar con Silvio Rodríguez y mantiene una entrevista con él. En un primer momento Silvio se manifestó reacio, planteando que no le interesaba volver a repasar su historia contada en multitud de ocasiones. El productor insistió en el enfoque del trabajo y en su línea narrativa más relacionada con la actualidad que con el pasado. Finalmente, Silvio accedió. Aunque se trata de un personaje que ya no sale en los medios, realizar un documental sobre Silvio Rodríguez, sin contar con él, estando vivo y en plena actividad, no habría tenido mucho sentido. Por lo tanto, el primer objetivo consistió en confirmar si estaba dispuesto a participar o no. Finalmente, participó mucho más de lo pactado inicialmente.

5.5.1. Desarrollo del proyecto: un proceso de producción paralelo a la consecución de la financiación

El documental se grabó en La Habana, en Madrid y en Barcelona. Para ello se realizaron dos viajes a La Habana.

Catorce es una productora con cierta trayectoria, con medios propios y con una producción continuada desde hace bastante tiempo. Produce programas de televisión, vídeo institucional y contenidos para internet, entre otros, lo que significa que la productora tiene asegurada su viabilidad más allá de la producción de este documental puntual. En este sentido, la empresa decidió iniciar la producción del documental sin haber resuelto toda la financiación.

La primera entrevista con Silvio Rodríguez tuvo lugar en noviembre de 2010, cuando se le plantea por primera vez el proyecto, y la primera grabación se realizó en enero de 2011. Durante una semana, un equipo técnico se trasladó a Cuba para grabar una larga entrevista con él, de tres horas y media, y un par de conciertos de una gira que transcurría por barrios desfavorecidos y pobres de La Habana. Con ese material se montó un *teaser* que se convirtió en el elemento fundamental para la búsqueda de la financiación. En una productora que comienza todo resulta mucho más difícil, pero cuando se trata de una productora que ya cuenta con sus medios técnicos, su personal y cierto margen de financiación, esta se puede permitir gastar diez mil euros en un viaje de cuatro personas a La Habana para realizar una primera grabación, porque además ese material es válido para el futuro documental y va a ayudar a realizar las ventas del mismo.

Mientras que el documental de Alicia Alonso se produjo como un encargo de Televisión Española, es decir, una producción delegada, en la que todos los derechos pertenecen a TVE, el objetivo para este documental consistía en producir un documental propio de la productora en el que TVE únicamente participase como coproductor y canal de emisión. En cualquier caso, la reducción de presupuesto en TVE supuso la reducción drástica de los encargos de documentales de producción delegada. A partir de ahí el productor se dirigió a TVE con su primer *teaser* (este documental no podía ser ni para Telecinco ni para Antena 3), porque un documental como este solo tiene sentido para Canal Plus o para la misma TVE. En el mejor de los casos, para ambas televisiones.

En la primera visita a TVE ya estaba cerrada la implicación de Silvio Rodríguez y su primera entrevista en profundidad. Es decir, ya se cuenta con un 30-40% del material grabado y un *teaser* producido con ese mismo material. La única vía posible que plantea TVE para su posible financiación consiste en presentarlo al comité de coproducciones cinematográficas de TVE. En la presentación del proyecto a miembros del equipo directivo de TVE, estos manifiestan que en principio podrían estar interesados, aunque la persona responsable de la parte de documental del comité no transmite mayores garantías que la de su presentación. Estas negociaciones tuvieron lugar en marzo-abril y, coincidiendo con la reunión del comité, sobre los meses de junio-julio, la productora realiza su segundo viaje de producción a Cuba. Al mismo tiempo, también habían sido grabadas entrevistas en España a la espera de conocer la decisión del comité. En ningún momento se planteó parar la producción si no entraba TVE. El objetivo era realizar el documental y distribuirlo tanto a las televisiones como moverlo internacionalmente. Es cierto que la entrada de TVE aporta ciertas garantías, entre otras que se va a estrenar en televisión y que se va a emitir.

El comité de coproducciones se reunió sobre junio-julio y resolvieron los proyectos financiados después del verano. La comunicación de que TVE entraba en el proyecto se realizó en septiembre de 2011. Posteriormente, el proceso jurídico con TVE presenta unas negociaciones bastante largas, pero previamente concretan su participación en la coproducción en un comunicado por carta. Los materiales presentados en la memoria del dosier del proyecto fueron: título del proyecto, formato, duración, formato de producción, calendario de producción, sinopsis, memoria de contenidos, tratamiento, memoria de producción, presupuesto, financiación/distribución, trayectoria del director, trayectoria de la productora. En el comité resuelven en qué proyectos entran y con qué cifra participan. Esa cifra con la que deciden entrar, sobre un presupuesto que ellos aprueban, no tiene por qué coincidir con el que inicialmente se les ha presentado. El presupuesto inicial presentado al comité era de 160.000 euros para el documental completo, y el comité aprobó un presupuesto de 135.000 euros y una participación de 45.000 euros, lo que les da derecho a un porcentaje de coproducción sobre el nuevo presupuesto de un 29%.

A partir de ahí se concluyó todo el proceso de grabación y de entrevistas que faltaban.

En el segundo viaje se grabó otra entrevista con Silvio Rodríguez, otros dos conciertos, y se entrevistó a otros personajes interesantes para el documental: Omara Portuondo, Sara González (miembro de la Nueva Trova Cubana) y una serie de músicos que participaron en la gira por los barrios. En España se grabaron dos entrevistas, una en Madrid, con Luis Eduardo Aute, y otra en Barcelona, con Paco Ibáñez. Finalmente, faltaban las entrevistas a dos personajes que no fue posible grabar ni en España ni en La Habana, porque viajaban constantemente: Chucho Valdés y Leo Brouwer, figura cubana de la música clásica, guitarrista, compositor y director de orquesta. A estos dos personajes finalmente los grabó un equipo cubano (desde España se hizo toda la producción, explicando por teléfono a los entrevistados en qué iba a consistir la entrevista) en Cuba: un realizador *freelance* gestionó un pequeño equipo de sonido y cámara, pertenecientes al refuerzo de técnicos que Catorce había contratado en sus anteriores viajes. Con esas dos entrevistas se completó la grabación. Y ahí está todo el material.

5.5.2. Material de archivo y proceso de documentación

El material de archivo en este proyecto es fundamental para la producción del mismo. Su procedencia viene de tres lugares. Por una parte, del archivo de TVE. Del dinero que la televisión compromete a la producción, hay que reflejar en el contrato qué cantidad se elige en metálico y cuánto en material de archivo de TVE. En *Silvio Rodríguez, Ojalá* se solicitaron cuatro minutos de material de archivo para incorporar al documental, lo cual supuso una rebaja sobre los 45.000 de TVE. En total fueron 400 euros por minuto, lo que supuso una cantidad de 1.600 euros (la tarifa por minuto de material de archivo de TVE suele ser mucho más alta, pero al tratarse de una coproducción esta se reduce). Por otra parte, se incorpora el archivo de Cuba, que es del Instituto Cubano del Arte y la Industria Cinematográficos (ICAIC), al que se compró un minuto de imágenes de finales de los años sesenta y principios de los setenta del pasado siglo, que son imágenes de Cuba (que sí había en el archivo de TVE, pero de las que no tenían los derechos necesarios), por una tarifa de 600 dólares. El tercer archivo, que es el más importante (los otros dos son archivos para recursos estéticos; de los cuatro minutos del archivo de TVE, tres se utilizaron en los créditos para una canción en un plató de TVE en los años setenta del siglo xx) lo ha facilitado el mismo Silvio Rodríguez, quien tiene una editorial que también es discográfica, y un archivo personal, denominado Ojalá, que lo cedió como aportación propia para el documental, sin limitación de uso. De ese material provienen tres videoclips de los años setenta, un montón de planos recurso, archivo de una actuación en Chile y un montón de archivo fotográfico y hemeroteca. El documental contiene un 15% de imágenes de archivo, y de ellos un 10% proviene directamente de Ojalá. La implicación imprescindible de Silvio Rodríguez en el proyecto fue una de las gestiones importantes en esta producción. En cuanto al desarrollo de la producción, el viaje más importante a Cuba fue el segundo, que es cuando Silvio y su equipo ven el material rodado, el *teaser*, y pueden confiar en lo que se está haciendo. La única pega que pusieron al material rodado no tuvo tanto que ver con lo que aparece, con lo que se ve o con lo que se cuenta, sino con cómo suena el documental. Las canciones sonaban mal a consecuencia de las grabaciones en directo, y lo único que ellos querían contrastar era cómo sonaba el documental, por lo que se hizo un trabajo de posproducción de las partes de música del documental partiendo de la grabación que Ojalá realizó de los conciertos de la gira. En el documental hay seis temas musicales, que duran entre dos y cuatro minutos, por lo que el buen sonido del proyecto resulta fundamental. Al igual que en el archivo audiovisual, la aportación de Ojalá y Silvio Rodríguez (que realizaron este proceso de posproducción y mezcla) en el apartado musical fue fundamental.

El documental quería contar tres cosas. Primero, un repaso histórico, pero sucinto, de lo que fue la Nueva Trova, de lo que supone la Nueva Trova en la música latinoamericana de los años setenta, asociado a los movimientos políticos de esos años, de guerrilla, revolucionarios; cómo llegan a Europa y cómo llegan a una España que en ese momento vive la Transición y acoge con los brazos abiertos todo ese movimiento musical, que engancha con los movimientos de cantautores que también había aquí. Por qué treinta años después todo eso ha desaparecido, hasta el punto que los jóvenes que hoy tienen 25 y 30 años no saben quién es Silvio Rodríguez. Un repaso al análisis de ese movimiento musical, que tuvo tanta trascendencia política y que fue el último movimiento cultural de cierta relevancia que saltó de Latinoamérica hacia Europa.

Segundo, el estudio de la relación de este tipo de estrella de la canción con la fama. Y tercero, mostrar qué está haciendo hoy en día Silvio Rodríguez, que aunque aparentemente para el público español no hace nada, sin embargo, está más activo que en los años ochenta, porque no solo graba discos y compone canciones, sino que tiene un estudio de grabación donde la mayor parte del trabajo lo destina a grabar a jóvenes talentos musicales, todo ello unido a las giras que realiza por Latinoamérica y la gira por los barrios desfavorecidos de Cuba.

En el segundo y tercer punto el trabajo de documentación es apenas necesario, únicamente identificar qué personas tienen interés para hablar de este tema con cierta solvencia. En Cuba se busca a compañeros suyos cubanos, músicos y no músicos que conocían aquella época. La nueva trova no surge como un movimiento procastrista, sino como un movimiento crítico allí en Cuba. Pero con los años se convierte en un movimiento crítico a escala mundial. Era muy importante hablar con gente de allí y que contasen cómo surge todo el movimiento, un movimiento rebelde que confronta a los jóvenes con la generación que había hecho la revolución diez años antes, ver cómo lo habían vivido. Aquí se entrevistó a Aute y a Paco Ibáñez, dos personas muy simbólicas en España en esa época y que tuvieron relación personal con la música y los jóvenes artistas cubanos. Y, por último, el documental tiene un sentido dentro de la estrategia de empresa, lo que conecta de nuevo con los argumentos iniciales que justifican su producción. Contar con personajes que puedan tener cierta relevancia transnacional es un factor determinante para llegar a públicos de otros países. Existe una parte de motivación personal en la realización del proyecto sobre Silvio Rodríguez, pero también existe una motivación importante para escoger un personaje que internacionalmente pueda llegar a la zona geográfica que se quiera llegar: Latinoamérica.

En paralelo con la negociación con TVE (el comité permite que entren otras televisiones españolas con dos condiciones: una, que sea una televisión de pago que no sea en abierto, y dos, que sea una ventana autonómica. La autonómica no se consigue porque las televisiones que tenían dinero para esto son las mismas que poseen idioma propio y Silvio canta en español, por lo que no tendría mucho sentido, y en Canal Plus se intenta, pero dijeron que para ellos no era un personaje relevante). La coproducción de TVE supone una menor inversión, porque el objetivo es hacer una distribución del documental en toda Latinoamérica.

Los derechos del documental para España son de TVE, quien se reserva el mercado español. Catorce se reserva los derechos para Francia y para el resto del mundo; los derechos son compartidos por los coproductores, salvo Cuba, que queda reservado a favor de Ojalá, la discográfica de Silvio Rodríguez, por su colaboración en la producción del documental.

Bibliografía

Álvarez Monzoncillo, J. M. (1993). *La industria cinematográfica española 1980-1991*. Madrid: Fundesco/Ministerio de Cultura.

— (2000). "La producción cinematográfica española de 1999". *Revista Academia* núm. 27, pp. 121-166.

— (2001). "La producción cinematográfica española de 2000: más películas y menos rentabilidad". *Revista Academia* núm. 29, pp. 131-179.

— (2002). "La industria cinematográfica: enfermedades crónicas e incertidumbres ante el mercado digital", en Bustamante, E. (coord.). *Comunicación y cultura en la era digital. Industrias, mercados y diversidad en España*. Barcelona: Gedisa.

— (2002). "La producción cinematográfica española de 2001: mayores inversiones y consolidación industrial". *Revista Academia* núm. 31, pp. 150-201.

— (2011). *La televisión etiquetada, nuevas audiencias, nuevos negocios*. Madrid: Ariel.

Álvarez Monzoncillo, J. M. y López Villanueva, J. (2003) ."La crisis que viene". *Revista Academia* núm. 33, pp. 43-89.

— (2004). "La producción cinematográfica española de 2003: tiempos de inflexión". *Revista Academia* núm. 34, pp. 50-95.

Angulo, J., Heredero, C. y Rebordinos, J. L. (1996). *Elías Querejeta. La producción como discurso*. San Sebastián/Vitoria: Filmoteca Vasca/Fundación Caja Vital Kutxa.

Aranzubia, A. (2013). *El mapa de la India. Conversaciones con Manolo Matji*. Getafe: Grupo de Investigación "Televisión-Cine: memoria, representación e industria" (TECMERIN) de la Universidad Carlos III de Madrid.

Augros, J. (2000). *El dinero de Hollywood*. Barcelona: Paidós.

Berstein, S. (1994). *Film Production*. Londres: Focal Press.

Bordwell, D. y Thompson, K. (2009). *Film Art: An Introduction*. Nueva York: McGraw-Hill.

Bordwell, D., Staiger, J. y Thompson, K. (1997). *El cine clásico de Hollywood: estilo cinematográfico y modo de producción hasta 1960*. Barcelona: Paidós.

Bustamante, E. (1993). "Relaciones económicas cine-televisión en el contexto europeo", en Álvarez Monzoncillo, J. M. (comp.). *La industria cinematográfica en España* (1980-1991). Madrid: Fundesco/Ministerio de Cultura.

Cabezón, L. A. y Gómez Urdá, F. G. (1999). *La producción cinematográfica*. Madrid: Cátedra.

Caldwell, J. (2008). *Production Culture. Industrial reflexivity and critical practice in Film and Television*. Durham y Londres: Duke University Press.
Calvo Herrera, C. (2003). *La empresa de cine en España.* Madrid: Laberinto.
Castro de Paz, J. L. y Cerdán, J. (coords.) (2005). *Suevia Films-Cesáreo González. Treinta años de Cine Español.* A Coruña: CGAI/Filmoteca Española/AEHC/IVAC.
Chion, M. (1992). *El cine y sus oficios*. Madrid: Cátedra.
Ciller, C. (2009). "La producción en la posproducción. El caso de Alatriste", en Marzal Felici, J. J. y Gómez Tarín (coords.). *El productor y la producción en la industria cinematográfica*. Madrid: Universidad Complutense, pp. 119-128.
Ciller, C, y Beceiro, S. "Co-production Archive and Cataloguing of Film Co-Productions", en Palacio, M. y Türschmann, J. (eds.). *Transnational Cinema in Europe*. Viena: Lit Verlag.
Clemente, J. (2004). *Introducción al software de gestión en la producción audiovisual*. Madrid: Fragua.
— (2007). *La informatización de la producción audiovisual: el software aplicado como método alternativo a las fórmulas de gestión clásicas*. Madrid: Editorial Complutense.
Clevé, B. (1994-2006). *Film production management*. Burlington: Focal Press.
Collins, J., Radner, H. y Preacher Collins, A. (1992). *Film theory goes to the movies*. Nueva York: Routledge.
Collie, C. (2007). *The business of TV production*. Nueva York: Cambridge University Press.
Colmena, E. (1999). *Gerardo Herrero. El cine de un luchador*. Huelva: XXV Festival de Cine Iberoamericano de Huelva.
Cristóbal, R. (1997). *Elías Querejeta. El hombre que hace posible la magia*. Huelva: XXIII Festival de Cine Iberoamericano de Huelva.
Díaz, S. (2012). *Modos de mostrar. Encuentros con Lola Salvador*. Getafe: Grupo de Investigación "Televisión-Cine: memoria, representación e industria" (TECMERIN) de la Universidad Carlos III de Madrid.
Español, P. (2008). *Josep Anton Pérez Giner. La veritable història de l'Innombrable*. Barcelona: Filmoteca de Catalunya.
Fernández Díez, F. y Martínez Abadía, J. (1994). *La dirección de producción para cine y televisión*. Barcelona: Paidós.
Frutos, F. J. y Llorens, A. (1998). *José Luis Dibildos. La huella de un productor*. Valladolid: 43 Semana Internacional de Cine de Valladolid.
Galán, D. (1990). *Emiliano Piedra. Un productor*. Huelva: Festival de Cine Iberoamericano de Huelva.
García Fernández, E. C. (2015). *Marca e identidad del cine español. Proyección nacional e internacional entre 1980 y 2014*. Madrid: Fragua.
Geuens, J. P (2000). *Film Production Theory*. Nueva York: State University of New York.
Gómez, A. V. (2001). *El sueño loco de Andrés Vicente Gómez*. Málaga: Festival de Cine de Málaga/Andrés Vicente Gómez.
Gómez B. de Castro, R. (1989). *La producción cinematográfica española. De la transición a la democracia (1976-1986)*. Bilbao: Mensajero.
Gomery, D. (1986). *Hollywood, el sistema de estudios*. Madrid: Verdoux.
Goodell, G. (1982). *Independent feature film production. A complete guide from concept to distribution*. Nueva York: St. Martin's Press.

Gournay, B. (2004). *Contra Hollywood. Estrategias europeas del mercado cinematográfico y audiovisual.* Barcelona: Universitat Autònoma de Barcelona.
Jacoste Quesada, J. G. (1996). *El productor cinematográfico*. Madrid: Síntesis.
Lara, A. (2005). *El cine ha muerto. Larga vida al cine*. Madrid: R&B Editores.
Lewis, I. (2000). *Guerrilla TV: low budget programme making*. Oxford: Focal Press.
Llott, T. (1996). *Budgets and Markets. A study case of the budgeting of European film.* Londres: Routledge.
Lyver, D. (2001). *Video Production Diary*. Oxford: Focal Press.
Martín Proharam, M. A. (1985). *La organización de la producción en cine y televisión.* Madrid, Forja.
Marzal Felici, J. y Gómez Tarín, F. J. (eds.) (2009). *El productor y la producción en la industria cinematográfica*. Madrid: Editorial Complutense.
Marzal Felici, J. y López Cantos, F. (coords.) (2008). *Teoría y técnica de la producción audiovisual*. Valencia: Tirant lo Blanch.
Melero, A. (2013). *La noche inmensa. La palabra de Gonzalo Goicoechea*. Getafe: Grupo de Investigación "Televisión-Cine: memoria, representación e industria" (TECMERIN) de la Universidad Carlos III de Madrid.
Merritt, G. (1998). *Film production. The complete uncensored guide to independent filmmaking*. California: Long Eagle Publishing, IFILM.
Palacio, M. (2001). *Historia de la televisión en España*. Madrid: Gedisa.
— (2012). *La televisión durante la Transición española*. Madrid: Cátedra.
Riambau, E. (1999). *Pepón Coromina. Un productor con carisma*. Madrid: Academia de las Artes y de las Ciencias Cinematográficas de España.
— (2007). *Ricardo Muñoz Suay. Una vida en sombras*. Barcelona: Tusquets.
Riambau, E. y Torreiro, C. (2008). *Productores en el cine español*. Madrid: Cátedra/Filmoteca Española.
Rotcop, K. (2001). *The perfect pitch*. California: Michael Wiese Productions.
Romero, R. (2014). La pistola y el corazón. Conversaciones con Agustín Díaz Yanes. Getafe: Grupo de Investigación "Televisión-Cine: memoria, representación e industria" (TECMERIN) de la Universidad Carlos III de Madrid.
Sainz, M. (1995). *Manual básico de producción en televisión*. Madrid: IORTV.
Simpson, R. (1998). *Manual práctico para producción audiovisual*. Barcelona: Gedisa.
Yáñez, J. (2009). *La aritmética de la creación. Entrevistas con productores del cine español contemporáneo*. Madrid: Festival de Cine de Alcalá de Henares/Comunidad de Madrid.
Zahedi, F. (2015). *El pasado es un prólogo. Conversaciones con Emilio Martínez Lázaro.* Getafe: Grupo de Investigación "Televisión-Cine: memoria, representación e industria" (TECMERIN) de la Universidad Carlos III de Madrid.